[意大利] 亚莉亚·马莱尔巴 [意大利] 菲比·希拉尼 著　颜悦 译

地图

美食版

江苏凤凰科学技术出版社

目录

本书中食物地图介绍了全球部分国家或地区的农作物、动物、土特产及独特的美食配方。动物、植物会打破国与国之间的划分界线，你还会发现独特的美食是除国界线外，区分国与国之间的更具代表性的事物。

挪威 24

瑞典 25

芬兰 26

波兰 30

德国 28

英国 22

荷兰 27

法国 32

匈牙利 31

葡萄牙 38

西班牙 36

摩洛哥 58

意大利 34

埃及 60

安哥拉 61

土耳其 45

黎巴嫩 44

希腊 39

印度尼西亚 48

马达加斯加 63

澳大利亚 66

南非 62

图例

玉米   食物和动物

帕芙洛娃   特色美食及配方

蜜蜂   不可食用的动物

★   慢食类食物

★   慢食类海鲜

伦敦 ●   首都

泰姬陵   特色景点

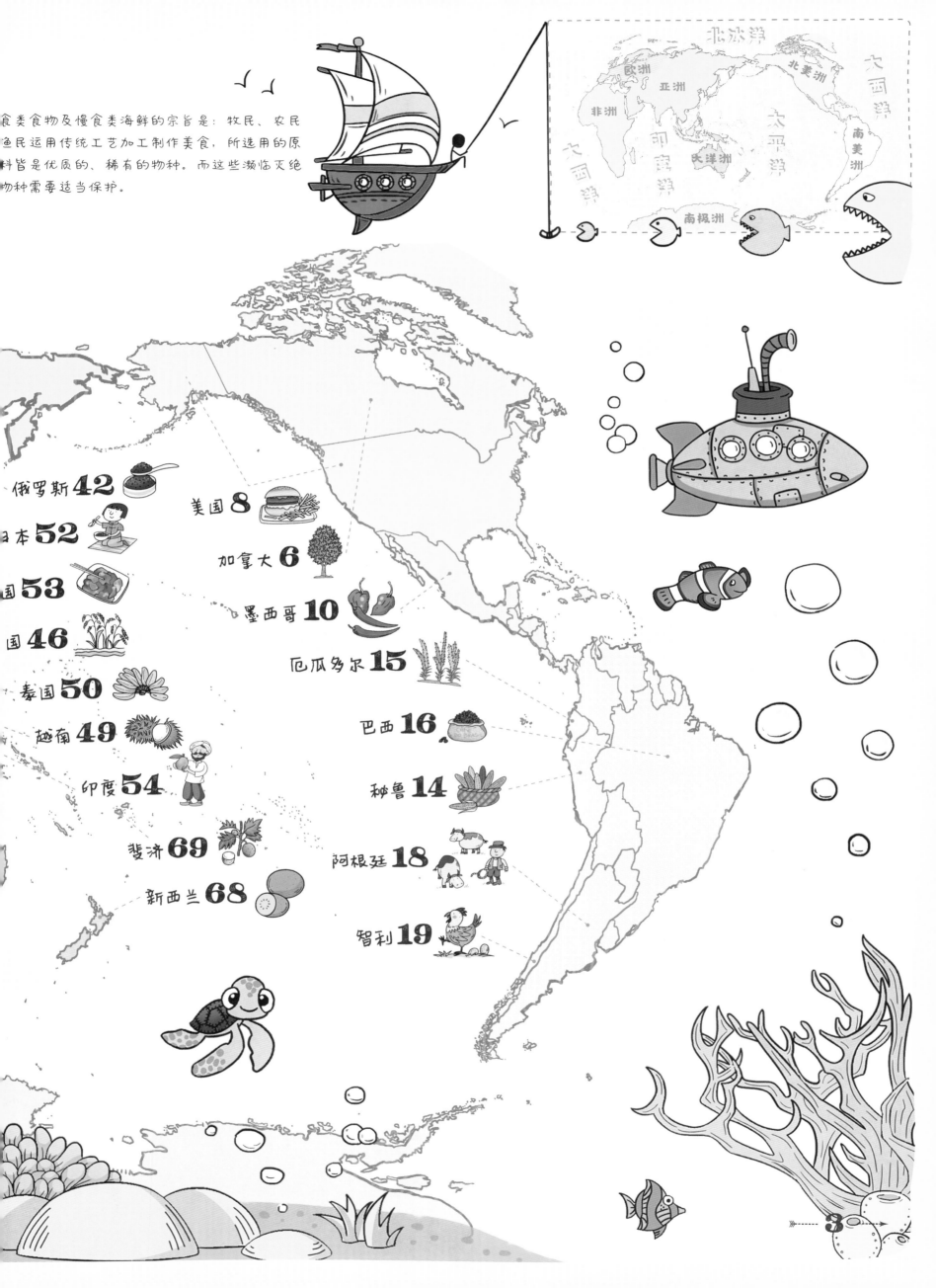

食类食物及慢食类海鲜的宗旨是：牧民、农民渔民运用传统工艺加工制作美食，所选用的原料皆是优质的、稀有的物种。而这些濒临灭绝物种需要适当保护。

俄罗斯 42

日本 52

国 53

国 46

泰国 50

越南 49

印度 54

斐济 69

新西兰 68

美国 8

加拿大 6

墨西哥 10

厄瓜多尔 15

巴西 16

秘鲁 14

阿根廷 18

智利 19

北冰洋

欧洲 亚洲 北美洲 大西洋

非洲 印度洋 太平洋

大洋洲 南美洲

南极洲

剑鱼

阿拉斯加鳕鱼

北极虾

美洲大蔓莓（简称"美蔓"

阿拉斯加州占美国面积的五分之一，是美国面积最大的一个州

白令海

阿拉斯加湾

太平洋

红鲑鱼

爬行速度极快，不到1秒（约1/4秒）的时间就可捕捉到猎物

巨型红杉
这种巨杉是世界上最高的树

美国夏威夷群岛

北美洲

大揭秘

美国龙虾生长在北美洲温带寒冷水域的深水岩石地带。又称缅因龙虾，体型较大，通常可以活许多年。1934年，有人曾在新英格兰地区捕获一只大龙虾——体重20千克，已存活近100年，创造了当时的记录。

加拿大与墨西哥间的广阔草原上，美洲野牛自由自在地生活着。成年野牛体重可达900千克，因其肉质鲜美、稀有名贵，曾是许多餐厅的首选食材。为避免野牛的灭绝，现已通过人工饲养的方式来进行保护。

巧克力是小朋友的最爱，制作成分以可可脂为主。古代阿兹特克人常在可可饮料中加入新鲜的小辣椒，制成一种口味鲜辣的特色饮品。这一大胆的结合一直延续至今，这款经典的饮品也是墨西哥人的最爱。

独角鲸

北冰洋

格陵兰（丹）

巴芬湾

波弗特海

美国
（斯加州）

雪羊

北美驯鹿

野生黑樱桃

蔓越莓

加拿大

哈得孙湾

海狸

加拿大海狸是北美洲最大的啮（niè）齿动物

大白鲸

星鼻鼹

大麦

曼尼托巴省面粉

枫糖树

甜菜

落基山大角羊

霍拉桑小麦

北美野生稻

苹果

美国

玉米

南瓜

大比目鱼

贻贝

葡萄

美洲野牛

甘薯

橙子

墨西哥湾

大西洋

树番茄

牛油果

柠檬

螃蟹

墨西哥湾

墨西哥

辣椒

俾格米神仙鱼

巴哈马

古巴

红豆和黑豆

可可豆

伯利兹

危地马拉

洪都拉斯

海地

多米尼加

牙买加

加勒比海

马林鱼

萨尔瓦多

尼加拉瓜

彩虹巨嘴鸟

哥斯达黎加

巴拿马

栖息于墨西哥的热带雨林中，体型巨大、颜色艳丽

5

独角鲸

长着很长的螺旋形牙齿，也被称为"海洋中的独角兽"

大白鲸

白色鲸类动物，体型巨大、游动缓慢，现已濒临灭绝

波弗特海

食用鲸脂

由冷冻鲸鱼皮制成的食用鲸脂，深受因纽特人喜爱

燕麦饼

圆形薄饼，曾是美洲原住民的特色食品

在这片土地上可看到的针叶林和连绵不断的广袤无垠的北极林带

简称"美莓"，外形像山莓，但是颜色为黄色和橙色

美洲大树莓

北美驯鹿

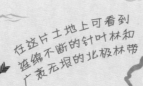

红鲑鱼

出生在河流，会游几千千米到达浩瀚的大洋，到了产卵季节再洄游到出生的地方

驼鹿

羊肚菌菇

多生长在针叶林中

萨斯卡通莓

紫色果皮，形似蓝莓，吃也可以晾干后食用，制作干肉饼的辅料

太平洋

虹鳟鱼

又称"瀑布鱼"或"古鱼鱼"，在北美的山涧、河流等低温淡水中生存

葡萄

野生黑樱桃

野生黑樱桃，经常被制成果汁、果酱和果冻

亚麻

蔓越莓

红色果实，其内部为空心，当掉在地上时，会像皮球一样反弹起来

绵羊

绿扁豆

世界上最古老的农作物之一

温哥华岛的地面被雪松和松树所覆盖

落基山脉

山羊

肉牛

大

美洲野牛

![国旗] **加拿大**

📍 首都：渥太华

👥 人口：3585万

🗺 面积：9,984,670平方千米

💬 官方语言：英语、法语

加拿大是世界上面积第二大的国家，美食风味独特，兼有很强的地域性。加拿大的大部分国土被茂密的北方森林所覆盖；中部地区种植了许多谷物；境内遍布狭长的海峡，富产多种海鲜，尤其是三文鱼、鳟鱼、大龙虾和蓝蟹。红色枫叶是加拿大国旗的图案；当地标志性的特产是枫树糖浆，味美香甜，可用来制作甜点或调味品。

纳奈莫条

由饼干、奶油和巧克力制成的长条状三层蛋糕

海狸尾

加拿大油炸面食，形状像海狸尾巴；抹上巧克力酱食用，味道会更好

蒙特利尔熏肉三

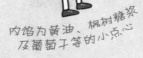

奶油挞

内馅为黄油、枫树糖浆及葡萄干等的小点心

干肉饼

有碎肉馅或水果馅，这种饼营养丰富，可储存很长时间

由烟熏牛肉混合各种调味料制成的三明治

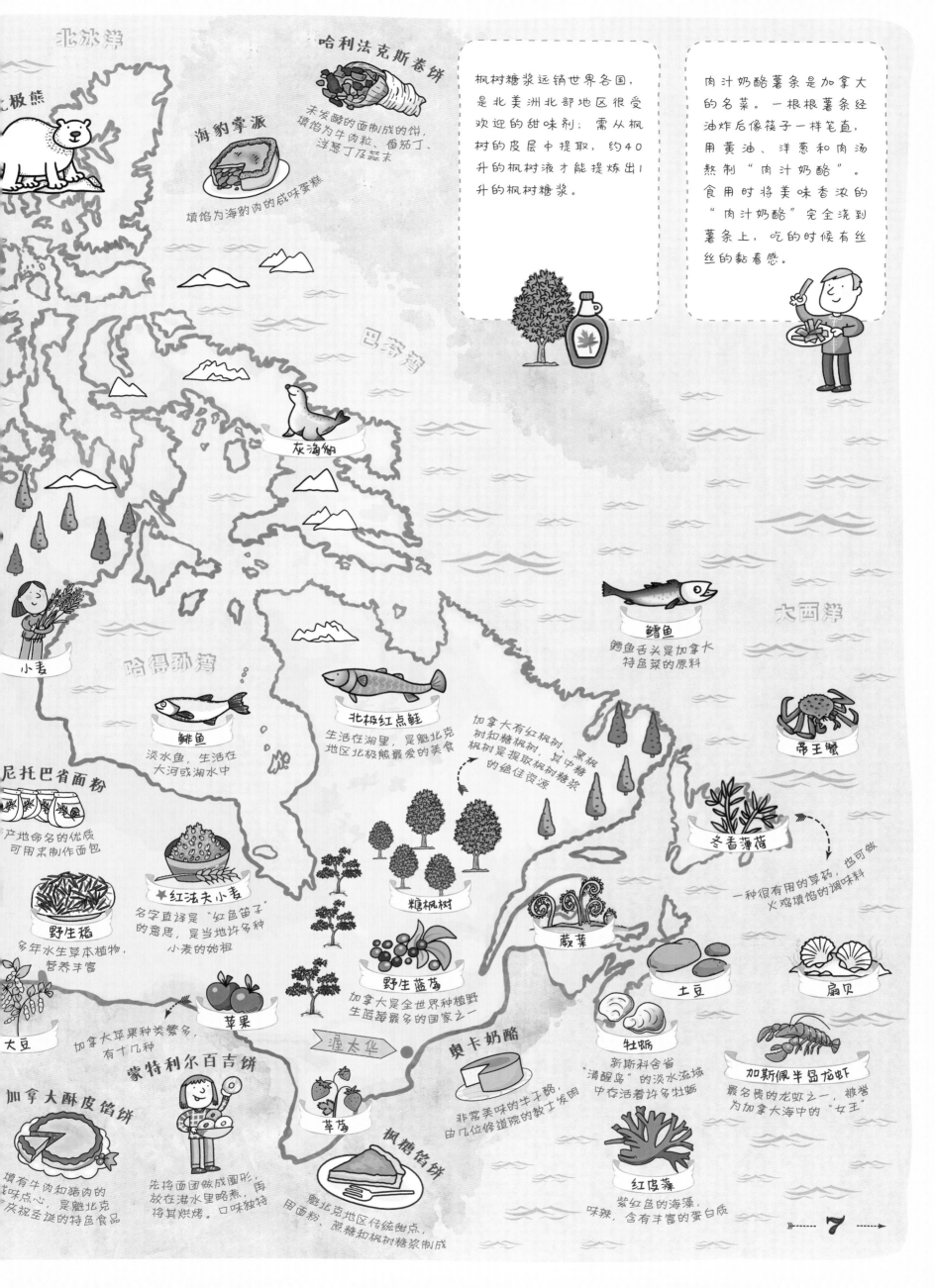

北冰洋

北极熊

哈利法克斯卷饼
未发酵的面制成的饼，填馅为牛肉粒、番茄丁、洋葱丁及蒜末

海豹掌派
填馅为海豹肉的咸味蛋糕

枫树糖浆远销世界各国，是北美洲北部地区很受欢迎的甜味剂；需从枫树的皮层中提取，约40升的枫树液才能提炼出1升的枫树糖浆。

肉汁奶酪薯条是加拿大的名菜。一根根薯条经油炸后像筷子一样笔直，用黄油、洋葱和肉汤熬制"肉汁奶酪"。食用时将美味香浓的"肉汁奶酪"完全浇到薯条上，吃的时候有丝丝的黏着感。

巴芬湾

灰海豹

大西洋

鳕鱼
鳕鱼舌头是加拿大特色菜的原料

小麦

哈得孙湾

鲱鱼
淡水鱼，生活在大河或湖水中

北极红点鲑
生活在湖里，是魁北克地区北极熊最爱的美食

加拿大有红枫树、黑枫树和糖枫树，其中糖枫树是提取枫树糖浆的绝佳资源

帝王蟹

冬香薄荷
一种很有用的草药，也可做火鸡填馅的调味料

尼托巴省面粉
以产地命名的优质...可用来制作面包

红法夫小麦
名字直译是"红色笛子"的意思，是当地许多种小麦的始祖

野生稻
多年水生草本植物，营养丰富

糖枫树

蕨菜

土豆

扇贝

野生蓝莓
加拿大是全世界种植野生蓝莓最多的国家之一

大豆

苹果
加拿大苹果种类繁多，有十几种

渥太华

奥卡奶酪
非常美味的半干酪，由几位修道院的教士发明

牡蛎
新斯科舍省"清醒岛"的淡水流域中存活着许多牡蛎

加斯佩半岛龙虾
最名贵的龙虾之一，被誉为加拿大海中的"女王"

加拿大酥皮馅饼
填有牛肉和猪肉的...咸味点心，是魁北克庆祝圣诞的特色食品

蒙特利尔百吉饼
先将面团做成圆形，再放在滚水里略煮，将其烘烤。口味独特

草莓

枫糖馅饼
魁北克地区传统甜点，用面粉、蔗糖和枫树糖浆制成

红皮藻
紫红色的海藻，味辣，含有丰富的蛋白质

布朗尼

巧克力甜点，常切成小块享用

苹果派

苹果馅的馅饼

热狗

夹有烤肠的面包，食用时可加番茄酱和芥末调味

多纳滋

油炸面包圈（即甜甜圈），表面涂满诱人的糖浆和糖霜。每年六月第一个星期五是美国的甜甜圈日

魔鬼蛋糕

高糖、高脂、高热量的可可味道可口诱人

省长黄道蟹

脆玉米片

松脆的玉米片，在早餐时可以倒在牛奶里一起食用

爆米花

玉米粒在特制的炉内受热爆裂后制成的小零食

煎饼

用鸡蛋、面粉和牛奶搅拌成面浆、烘焙成薄饼，一片片堆叠起来，浇上枫树糖浆就可以食用了

填馅火鸡

一道在感恩节当天食用的传统大菜

白鲟鱼

淡水里的"巨人"，其长度可达6米多

虹鳟鱼

生活在太平洋的低温淡水流域

烟熏蓝奶酪

含榛子的美味奶酪，产自俄勒冈州

落基山大角羊

长有一对巨大羊角的野生动物，濒危保护动物，现已不许食用

霍拉桑小麦

原产亚洲的古老植物，现于加拿大和美国一带种植

美国蓝莓

采摘蓝莓是当地儿童一种典型的娱乐活动

美洲野牛

体型巨大，生活在广阔的大草原上

黑莓

宏籽的野生黑莓

大平洋

落基山脉

又角羚羊

美洲奔跑速度最快的哺乳动物（时速可达约100千米）

雷尼尔樱桃

特别甜，有可爱的黄色果肉

大象大蒜

也称"巨型大蒜"，其重量可达到250克

纪念碑山谷

金线南瓜

其果肉煮熟后形似面条可用叉子挖出食用

金门大桥

美国夏威夷群岛该群岛为热带气候，海水清澈洁净

毛伊岛洋葱

味道微甜

菠萝

椰子

葡萄

加利福尼亚州是世界上主要的葡萄酒产地之一

蒙特利杰克干酪

小块干酪，味道甜美、口感温和，是美国最好的奶酪之一

纳瓦霍切罗绵羊

非常耐寒，主要在印第安纳瓦霍地区养殖

小麦生长带

山核桃

果实为扁平原产自北美

旧金山酸面包

面粉中加入纯天然酵母发酵而成，据说是由加利福尼亚的淘金者引入当地

炸鸡

香酥松脆，味道香浓

玉米面包

由玉米制成，是当天食用的特色

棉花糖

由糖和淀粉制成的圆柱形甜品，可串起来即食或烘烤后食用

花生酱

以花生为主料柔软、味道香

虾

美国（本土）

📍 首都：华盛顿

👥 人口：32,141万

🦪 面积：9,372,614平方千米

🦐 官方语言：英语

美国种植最多的农作物有玉米、南瓜和甘薯，养殖最多的是肉牛；美国菜融合了各种传统的食材。最典型的食物是汉堡和热狗，常搭配饮料食用。早餐对美国人来说非常重要，以橙汁、谷物熬成的粥、咖啡、鸡蛋和松饼为主。最重要的传统节日是感恩节，即每年十一月的第四个星期四：填满美味馅料的火鸡大餐是当天必不可少的佳肴。

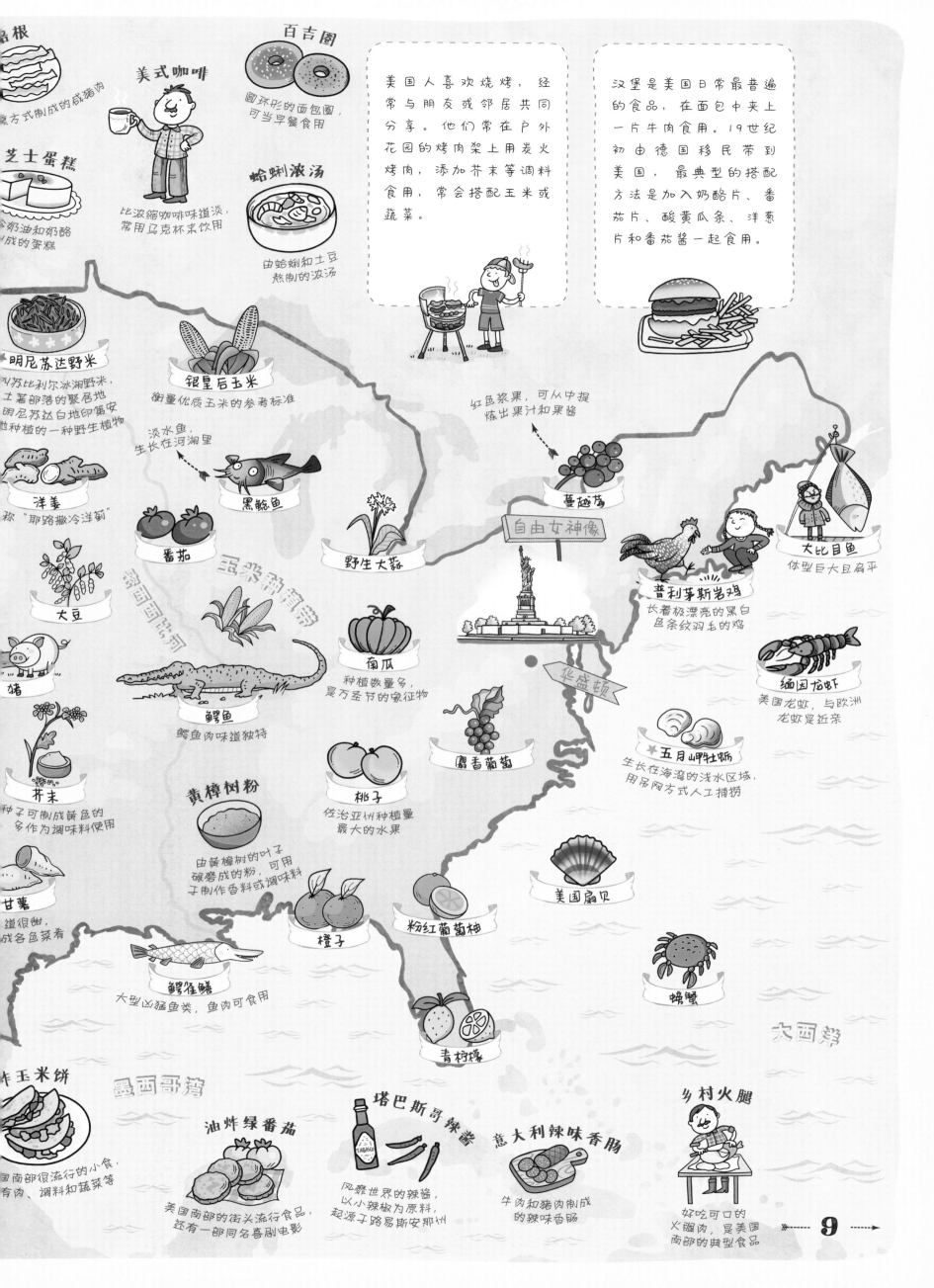

培根
像方式制成的咸猪肉

芝士蛋糕
用奶油和奶酪制成的蛋糕

美式咖啡
比浓缩咖啡味道淡，常用马克杯来饮用

百吉圈
圆环形的面包圈，可当早餐食用

蛤蜊浓汤
由蛤蜊和土豆熬制的浓汤

美国人喜欢烧烤，经常与朋友或邻居共同分享。他们常在户外花园的烤肉架上用炭火烤肉，添加芥末等调料食用，常会搭配玉米或蔬菜。

汉堡是美国日常最普遍的食品，在面包中夹上一片牛肉食用。19世纪初由德国移民带到美国，最典型的搭配方法是加入奶酪片、番茄片、酸黄瓜条、洋葱片和番茄酱一起食用。

明尼苏达野米
加苏比利尔冰湖野米，土著部落的聚居地明尼苏达白地印第安地种植的一种野生植物

银星后玉米
衡量优质玉米的参考标准

黑鲶鱼
淡水鱼，生长在河湖里

洋姜
称"耶路撒冷洋蓟"

番茄

野生大蒜

蔓越莓
红色浆果，可从中提炼出果汁和果酱

自由女神像

普利茅斯岩鸡
长着极漂亮的黑白色条纹羽毛的鸡

大比目鱼
体型巨大且偏平

大豆

玉米种植带

美国的谷物带

鳄鱼
鳄鱼肉味道独特

南瓜
种植数量多，是万圣节的象征物

华盛顿

缅因龙虾
美国龙虾，与欧洲龙虾是近亲

猪

芥末
种子可制成黄色的，多作为调味料使用

黄樟树粉
由黄樟树的叶子碾磨成的粉，可用于制作香料或调味料

麝香葡萄

五月岬牡蛎
生长在海湾的浅水区域，用吊网方式人工捕捞

甘薯
味道很甜，成各色菜有

桃子
佐治亚州种植量最大的水果

美国扇贝

鳄雀鳝
大型凶猛鱼类，鱼肉可食用

橙子

粉红葡萄柚

螃蟹

炸玉米饼
国南部很流行的小食，有肉、调料和蔬菜等

墨西哥湾

青柠檬

大西洋

油炸绿番茄
美国南部的街头流行食品，还有一部同名喜剧电影

塔巴斯哥辣酱
风靡世界的辣酱，以小辣椒为原料，起源于路易斯安那州

意大利辣味香肠
牛肉和猪肉制成的辣味香肠

乡村火腿
好吃可口的火腿肉，是美国南部的典型食品

9

辣椒酱
墨西哥著名的辛辣调味酱

香草蛋糕
香草味布丁蛋糕

墨西哥玉米片
三角形的玉米薄片

牛油果酱
牛油果加入柠檬、辣椒制成的果酱

填馅尖椒配奶
所用食材代表了墨西哥国旗的三种颜色：绿是青椒、白色的是奶红色的是石榴

在墨西哥，仙人掌也可食用：叶子甘甜，果肉丰富

仙人掌果
果实肉厚汁多，剥皮和去刺后就能吃到果肉

龙舌兰酒
以龙舌兰为原料蒸馏制作而成的蒸

墨西哥跳豆
寄生在豆子里的飞蛾幼虫不断蠕动，会使豆子四处跳动

墨西哥酸浆果
形似小番茄的绿色水果

葡萄

玉米松露
玉米被真菌感染后长出的菌类植物，气味清香是非常珍稀的食材

南瓜
最古老的南瓜子在墨西哥被发现，其历史可追溯到公元前7000年

灰鲸

火龙果
因其外形似一团火焰，也被称为"龙之果"

玉米
最早开始种植玉米的就是墨西哥人，距今约9000多年

奇瓦瓦奶酪
淡黄色的半软奶酪，也被称为"门诺（mononita）"奶酪

牛

太平洋

太平洋沙丁鱼

红豆和黑豆
它们都是墨西哥菜的主要用

番茄

椰子
其果壳上有3个孔，可以用螺丝起子将任意一个孔钻通，倒出椰子汁来喝

莫拉多辛
味道微

旗鱼
别名"马林鱼"，形似巨大的剑鱼

青柠檬

墨西哥是世界上主要的柠檬产地

柠檬

牛油果
营养价值极高绿色外皮，果

墨西哥

首都：墨西哥城

人口：11,953万

面积：1,964,375平方千米

官方语言：西班牙语

墨西哥菜品种多样、菜式多以辛辣为主。哥伦布发现美洲大陆前，墨西哥最先受到古印第安文化的影响，后期又处于西班牙的统治之下。其食材品种繁多，光小辣椒的种类就达150多种；主要的农作物有玉米、红豆、黑豆、奇珍异果和可可等。墨西哥渔产丰富，各种鱼类遍布海湾。墨西哥有"玉米的故乡"的美誉，标志性食品有玉米片和玉米卷饼，美味的牛肉、鸡肉和蔬菜都可作为卷饼的馅料。

飞鱼
为了逃脱捕食者的追捕，飞鱼的鳍能呈现出翅膀的外形，冲出水面"飞翔"起来可达50米远

拉酒和梅斯卡尔酒

由龙舌兰蒸馏酿制而成；
这种酒通常加入盐和柠檬
享用；梅斯卡尔酒底部则泡
一种以龙舌兰为食的虫子

墨西哥煎玉米卷

在玉米薄饼中夹入肉和
洋葱，将饼对折食用

油炸玉米粉饼

填馅为肉、蔬菜和
奶酪的玉米粉饼

龙舌兰蠕虫

真正的墨西哥特色菜：龙舌
兰内的蠕虫可当零食食用

玉米饼

用玉米面制作，由墨西哥、
中美洲常用的名为
"comal"的特色烤盘烤制

墨西哥卷饼

在墨西哥极受欢迎，
现在属于美国的
得克萨斯州—墨西哥菜系

据传阿兹特克国王蒙特
苏马向西班牙探险者进
献了一块美味的香草味
巧克力，因此这个西班
牙人便成为第一个品尝
到这种阿兹特克种制香
料的欧洲人。

巧克力是由可可树的
种子磨粉制成的，墨西
哥及拉丁美洲地区有
6000多年的可可树种
植历史。这些果实的外
形和杏仁类似，每粒果
实内有25~40粒种子。

墨西哥鸡肉卷

将炸鸡肉包裹在
玉米饼内食用

特苏马鹌鹑

在墨西哥和美国

疣鼻栖鸭

又名"番鸭"，原产于
中美洲和南美洲

俾格米神仙鱼

捕食海蒂，藏身于靠近
珊瑚礁的地方

纹谐鱼

生活在250米深的海底

鹦哥鱼

鱼身颜色艳丽，
像鹦鹉一样

菠萝

开当地种植的
品种繁多

哈雷派尼黑辣椒

在当地非常受欢迎

安蔻椒

可新鲜食用，也可
晒干后享用

墨西哥湾

咖啡豆

墨西哥专门种
植阿拉比卡咖
啡豆，非常名贵

墨西哥城

古玛雅城市遗址

奇琴伊察

种类繁多，可从蓝色的龙舌
兰汁中提取龙舌兰汁酿酒

龙舌兰

哈瓦那辣椒

世界上最辣的
辣椒之一

鬣鳞蜥

爬行动物，归鬣鳞蜥属。
形似大蜥蜴，世界上
现存最奇异的动物之一

眼斑火鸡

原产于北美洲的
家禽，生长于
中美洲的森林里

钟形青椒

这种青椒又大又甜

特瓦坎千穗谷

它的种子经烘烤后可做成甜点

可可豆

在过去，可可豆曾作为
交换商品所用的货币

木瓜

墨西哥常年种植这种
水果，味道香甜

墨西哥香草

非常漂亮的兰花，可从
中提炼出甜味调料品

人心果

从该树上提取的乳
液可制作口香糖

香蕉

玉米面团包馅卷

特制肉卷，可在早
餐时搭配甜饮一起食用

炸蝗虫

将蝗虫用平底锅
烧煮或烧烤食用

巧克力鸡

将鸡肉用菠萝和香料
腌制，再用小火烘烤，
淋上辣巧克力酱食用

抹香鲸

扁舵鲣

太平洋

赤道线
南美洲的大部分国家都分布在南半球的赤道线以下

鲣鱼

科隆群岛
（加拉帕戈斯群岛）（厄）

复活节岛

南美洲

电鳐

大揭秘

南美洲是番茄的原产地，公元16世纪西班牙探险者把一些番茄带到了欧洲，但那些番茄起初只是作为植物种在当地花园里，而且被认为是有毒的水果。

藜麦在安第斯高原已有5000多年的种植历史，主要产地国是秘鲁、玻利维亚和厄瓜多尔。因其具有接近人体氨基酸组成的优质蛋白质（也是目前已知的唯一含优质完全蛋白质的植物性食物），被美国航天局选为航天员专用的理想食品。

在哥伦布发现新大陆之前的文明时期，玉米曾是当地人的主要食物，也被当作神圣的食物。玉米一般种植在山谷或岩石山坡上。于1492年发现美洲大陆后传至欧洲。

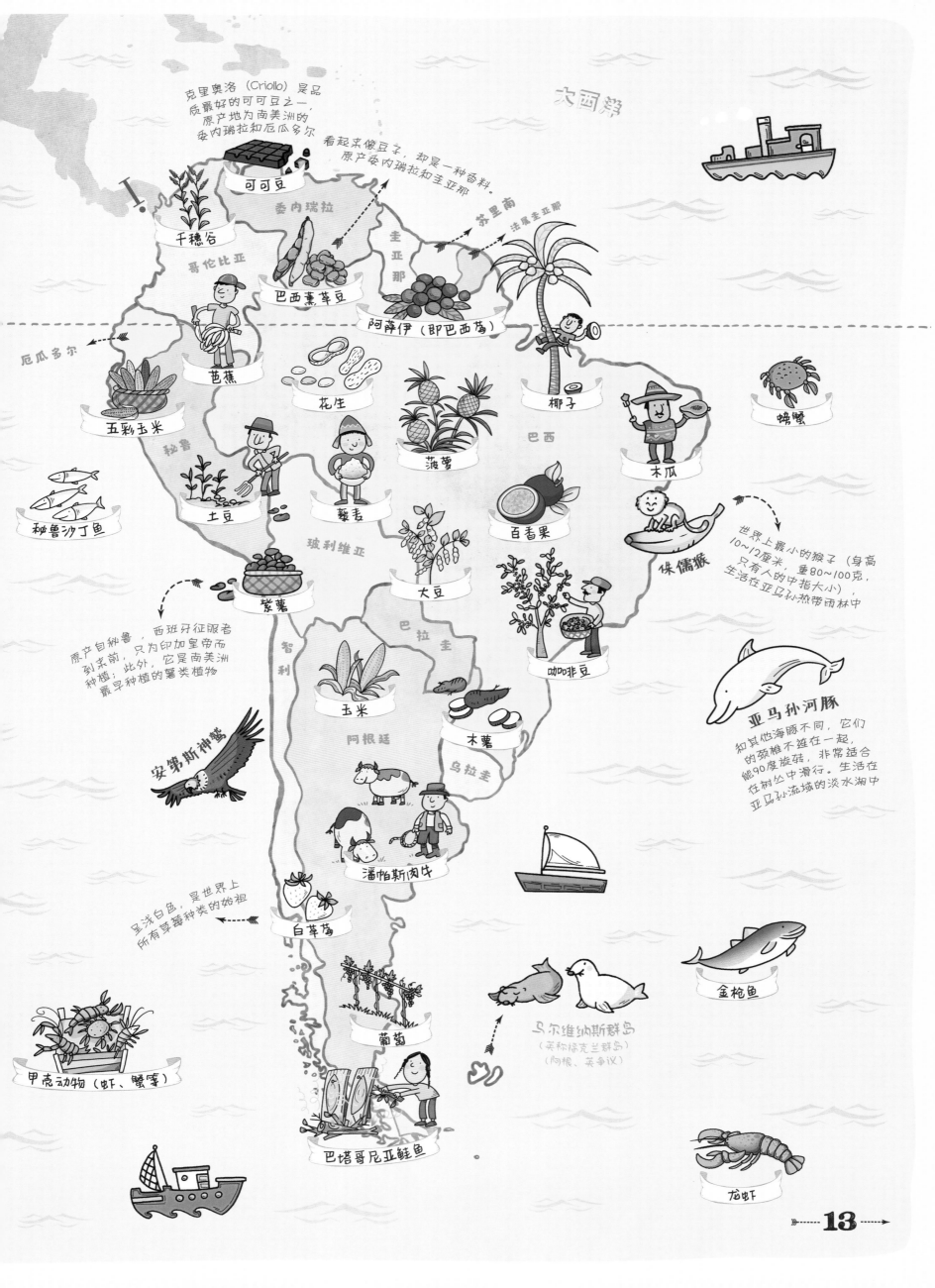

大西洋

克里奥洛（Criollo）是品质最好的可可豆之一，原产地为南美洲的委内瑞拉和厄瓜多尔

可可豆

千穗谷

委内瑞拉

看起来像豆子，却是一种香料，原产委内瑞拉和圭亚那

巴西薰草豆

哥伦比亚

圭亚那

苏里南

法属圭亚那

阿萨伊（即巴西莓）

厄瓜多尔

芭蕉

花生

菠萝

椰子

巴西

木瓜

螃蟹

五彩玉米

秘鲁

土豆

藜麦

百香果

秘鲁沙丁鱼

玻利维亚

世界上最小的猴子（身高10~12厘米，重80~100克，只有人的中指大小），生活在亚马孙热带雨林中

大豆

侏儒猴

咖啡豆

紫薯

原产自秘鲁，西班牙征服者到来前，只为印加皇帝而种植；此外，它是南美洲最早种植的薯类植物

巴拉圭

亚马孙河豚

和其他海豚不同，它们的颈椎不连在一起，能90度旋转，非常适合在树丛中滑行。生活在亚马孙流域的淡水湖中

智利

玉米

阿根廷

木薯

乌拉圭

安第斯神鹫

潘帕斯肉牛

呈浅白色，是世界上所有草莓种类的始祖

白草莓

葡萄

马尔维纳斯群岛
（英称福克兰群岛）
（阿根、英争议）

金枪鱼

甲壳动物（虾、蟹等）

巴塔哥尼亚鲑鱼

龙虾

卡亚俄生蚝

产自卡亚俄港

玉米粉蒸肉

用玉米叶将肉包裹后烹煮

土豆猪肉炖菜

由肉、土豆和花生混合炖煮而成

秘鲁大粽子

用玉米叶包裹，内馅为米饭、鸡蛋、鸡肉和橄榄等

米烧鸡

糯米炖鸡肉

秘鲁炒牛肉

将牛肉切成块后爆炒，配上米饭、洋葱和土豆一起食用

酸橘汁腌

秘鲁国菜，将鱼和海鲜用鲜柠檬汁或酸橘汁腌制而成

甲壳动物（虾、蟹等）

在秘鲁的狭长海滩上，可捕捞到很多甲壳动物

干煎马铃薯粉

从脱水的土豆中提取而成

古朴阿苏

类可可植物，又名"大花可可"

亚马孙热带雨林

巨骨舌鱼属。世界上最大的淡水鱼之一（整体长度可达3米）

海象鱼

番荔枝

热带水果，喜光耐阴

千穗谷

阿兹特克人将其敬称为"神的粮食"

蛋黄果

又名仙桃，极珍贵的水果，可从中提取仙桃粉

奎东茄

多籽，味酸，果肉多汁

印加可乐

黄色汽水饮料，味甜。被称作"秘鲁味道"

大地之锅

在地上挖一深坑，铺下鹅卵石，用火烧热，将肉类放入烘烤

咖啡豆

秘鲁出产的咖啡豆，其色泽深浅介乎于巧克力和焦糖之间

黄辣椒

在秘鲁菜中，黄辣椒被用得最多

紫玉米汁

用秘鲁特有的紫色玉米制成的饮料

玉米甜奶糕

用玉米做成的奶油糕

秘鲁甜甜圈

将南瓜和甘薯炸，配蜂蜜和蔗糖汁食用

稻米

红辣椒

原产自安第斯山脉

秘鲁沙丁鱼

在该国被称作"秘鲁鲲"

树番茄

形似番茄的水果

南瓜和小南瓜

玛卡

根部可食用

黑玉米

带穗玉米，玉米粒呈紫黑色

小龙虾汤

由牛奶、土豆和辣椒熬制的奶油虾汤

太平洋

鲣鱼

木薯

安第斯山脉

五彩玉米

秘鲁种植的玉米超过30种

花生

秘鲁乳香树

"类"胡椒，生长在秘鲁高原（虽然它的果实被称为"胡椒子"但它并不属于胡椒属植物）

南美羽扇豆

营养极其丰富，又名"秘鲁羽扇豆"

马丘比丘

羊驼

利马

芦笋

在伊卡河谷种植，并出口全球

甘薯

在秘鲁，甘薯的种类达900多种，"潘帕科拉尔"地区出产的甘薯是在山上种植的

羊驼属

秘鲁

📍 首都：利马
👥 人口：3115万
🗺 面积：1,285,216平方千米
🗣 官方语言：西班牙语

秘鲁美食品种丰富，甚至有些地区的居民一周七天都享用不同的菜肴。秘鲁的国菜是酸橘汁腌鱼，一道特色海鲜菜。然而秘鲁人餐桌上的绝对主角却是土豆，搭配色拉、汤和油饼一起食用，效果更佳。在安第斯高原上种植着大量的藜麦和千穗谷。

的的喀喀湖鳟鱼

别名"彩虹鳟鱼"，游弋穿梭在秘鲁和玻利维亚边境的湖区

秘鲁土豆

秘鲁种植了约4000多种土豆

藜麦

的的喀喀湖

牛心串

秘鲁特色烤牛心串，味道鲜美

番茄

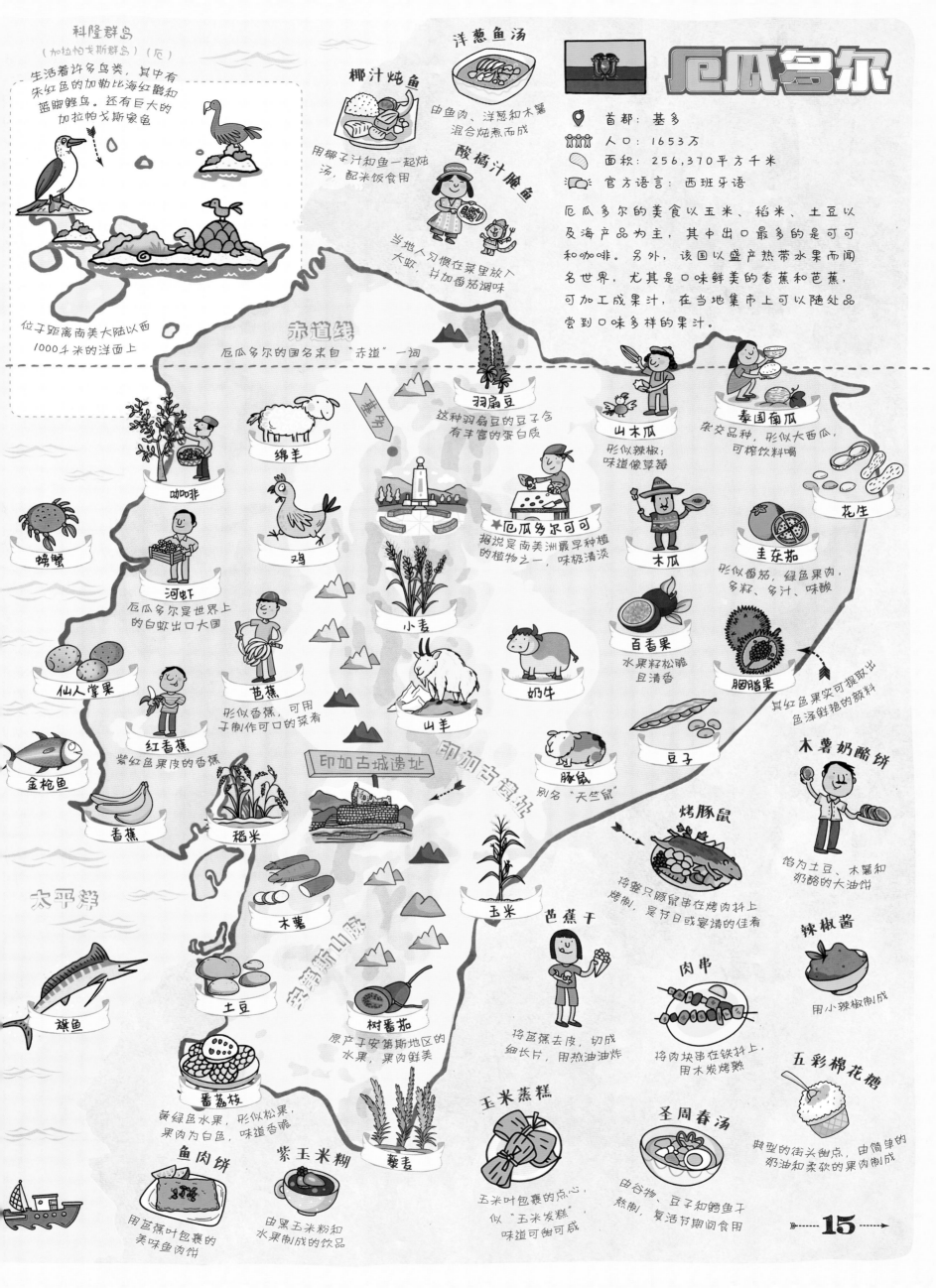

科隆群岛
（加拉戈斯群岛）（厄）

生活着许多鸟类，其中有朱红色的加勒比海红鹳和蓝脚鲣鸟。还有巨大的加拉帕戈斯象龟

位于距离南美大陆以西1000千米的洋面上

厄瓜多尔

首都：基多
人口：1653万
面积：256,370平方千米
官方语言：西班牙语

厄瓜多尔的美食以玉米、稻米、土豆以及海产品为主，其中出口最多的是可可和咖啡。另外，该国以盛产热带水果而闻名世界，尤其是口味鲜美的香蕉和芭蕉，可加工成果汁，在当地集市上可以随处品尝到口味多样的果汁。

洋葱鱼汤
由鱼肉、洋葱和木薯混合炖煮而成

椰汁炖鱼
用椰子汁和鱼一起炖汤，配米饭食用

酸橘汁腌鱼
当地人习惯在菜里放入大虾，并加番茄调味

赤道线
厄瓜多尔的国名来自"赤道"一词

羽扇豆
这种羽扇豆的豆子含有丰富的蛋白质

山木瓜
形似辣椒，味道像草莓

泰国南瓜
杂交品种，形似大西瓜，可榨饮料喝

花生

咖啡

绵羊

鸡

厄瓜多尔可可
据说是南美洲最早种植的植物之一，味极清淡

木瓜

圭东茄
形似番茄，绿色果肉，多籽、多汁、味酸

螃蟹

河虾
厄瓜多尔是世界上的白虾出口大国

小麦

百香果
水果籽松脆且清香

胭脂果
其红色果实可提取出色泽鲜艳的颜料

仙人掌果

红香蕉
紫红色果皮的香蕉

芭蕉
形似香蕉，可用于制作可口的菜肴

山羊

奶牛

豆子

木薯奶酪饼
馅为土豆、木薯和奶酪的大油饼

金枪鱼

香蕉

稻米

印加古城遗址

豚鼠
别名"天竺鼠"

烤豚鼠
将整只豚鼠串在烤肉扦上烤制，是节日或宴请的佳肴

辣椒酱
用小辣椒制成

太平洋

木薯

玉米

芭蕉干
将芭蕉去皮，切成细长片，用热油油炸

肉串
将肉块串在铁扦上，用木炭烤熟

五彩棉花糖
典型的街头甜点，由简单的奶油和柔软的果肉制成

旗鱼

土豆

树番茄
原产于安第斯地区的水果，果肉鲜美

番荔枝
黄绿色水果，形似松果，果肉为白色，味道香甜

鱼肉饼
用芭蕉叶包裹的美味鱼肉饼

紫玉米糊
由黑玉米粉和水果制成的饮品

藜麦

玉米蒸糕
玉米叶包裹的点心，似"玉米发糕"，味道可甜可咸

圣周春汤
由谷物、豆子和鳕鱼干熬制，复活节期间食用

木薯虾仁汤
巴西东北部特色汤，由木薯、蔬菜和鲜虾熬制而成

串烤芝士条
将奶酪条和牛肉一起烤制而成

亚马孙热带雨林犹如大地的绿肺，蕴藏着大量全球独有的植被，神秘丛林难以穿越

肉杂烩
由各种熟肉炖煮而成，也会加青柠汁和醋来增添风味

鲣鱼

海鲜乱炖
营养丰富的海鲜汤，用海鲜加辣椒、棕榈油熬制

巴西布丁
用鸡蛋、椰子和糖做成的布丁蛋糕

椰子
巴西是全球椰子汁生产大国

巴西莓
其浆果被公认为亚马孙热带雨林中最具能量的水果

亚马孙热带雨林
亚马孙河

瓦塔帕浓汤
由木薯粉、椰汁棕榈油及腰果熬制的浓汤，可配合海鲜食用

巴西坚果
形似古朴阿苏果，生长于亚马孙热带雨林中，树高可达45米

古朴阿苏
个头较大，外壳坚硬，白色果肉很柔软，味近可可

巴西腰果
腰果树上采得的便是坚果，果基部有假果

棕榈芯
烤恩特棕榈树的树茎内芯，可食用的部分位于树干上。被誉为"蔬菜之王"

花生
花生原产于巴西

香蕉瓜
形似黄瓜，果肉黄色且多汁

草莓番石榴
番石榴的一种，美叫

卡姆果
其浆果很小，似葡萄，是亚马孙流域极富营养价值的水果

草原鼹（tuàn）猪
形似野猪，生活在丛林中

螃蟹
巴西沿海地区有多种螃蟹烹调方法

油煎香蕉
香蕉切片后油炸制成的小零食

树薯粉
以木薯粉为主的配料

豆子

玉米

福豆和黑豆

芭蕉
形似香蕉的水

巴西炖鸡饭
将鸡丁、藏红花及辣椒炒熟后，配上米饭食用

沙丁鱼

黑眼豆沙拉
由油炸黑眼豆拌成的沙拉

"乡村姑娘"Caipirinha
将卡莎萨甘蔗酒和水果混合酿制的鸡尾酒

肉牛
巴西是世界大的牛肉

甜叶菊
它的叶子里含有营养价值极高的甜菊苷

百香果
又名"激情果

油炸饼

巴西烤肉
把各种肉类串在大铁扦上，放在炭火上烤熟

用豆面团做成的油炸饼

巴西馅饼
油炸食品，由肉、鱼肉和奶酪制成。常搭配黑豆饭食用

黑豆饭
用豆子和猪肉烹制，是周三和周六的传统午餐

炸鸡肉包
鸡肉馅的油炸小吃

橙子
巴西是橙子

焗蟹盖
美味的蟹肉小食品

鳗鱼

坚果巧克力球
由曲奶和巧克力制成的甜点

黄油包
由木薯粉、鸡蛋、牛奶、食用油和奶酪制成的小面包

脆鸡块
油炸小鸡块

稻米

📍 首都：巴西利亚

👥 人口：20,608万

面积：8,514,900平方千米

官方语言：葡萄牙语

巴西菜种类丰富，有牛肉、大豆及河鱼。巴西也是咖啡、可可、糖类和香蕉最大的出口国。亚马孙热带雨林中生长着很多棕榈树和热带水果。巴西的烤肉店有种特殊的习俗：就餐的客人会分到两个小圆牌：一个绿色，一个红色。其功用是方便服务员来识别客人的就餐状态：继续食用（绿色）或停止食用（红色）。

虹脂鲤

货鱼，生活在马孙流域

食人鱼

即食人鲳。生活在亚马孙河流域淡水湖中的食肉鱼类

虾

西芒果

该水果中提酸甜的果汁

西印度樱桃

成熟时为橙红色，堪称水果"维C之王"

芒果

菠萝

西；约每18绍一次果

豇豆

又名"龙眼豆"，豆子只有玉米粒那么大

香蕉

木薯

饪的基础食材，中提炼木薯粉

木瓜

小冠巴西棕榈

在巴西，小孩用棕榈果编成项链，来换取甜点

巴西利亚

可可

甘蔗

蔗时会流出液体，中提取糖分

里约热内卢基督像

矗立在里约热内卢的基督山上，总高为38米。世界新七大奇迹之一

咖啡豆

咖啡豆被装入大麻袋，通过海路运往世界各地

葡萄

金枪鱼

阿拉杜蟹

味道特别鲜美的小螃蟹

大西洋

短吻柠檬鲨

鱼身是特殊的暗黄色，方便经常伪装自己，潜入海底深处的沙子里

巴西出产的咖啡占全世界总量的30%（一年超过5000万袋。注：1标准袋=60千克）。种植最多的品种是阿拉比卡咖啡豆，因其生长在海拔600米以上的高原地区，也称为"高原咖啡"。

据传说，亚马孙流域一个村庄里有个讨人喜爱的孩子，他杀了一条蛇，并把蛇的眼睛种在地上，那个地方就长出了一种名叫"瓜拉那"的植物，被印第安人称为"神赐予的食物"。

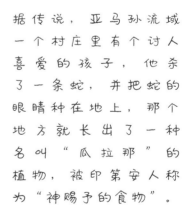

尖吻七鳃鲨

炖汤
热气腾腾的炖菜

安第斯土豆
该品种比普通土豆富含更多蛋白质

塔菲奶酪
自殖民时期开始就用牛奶制作的奶酪

比菲牛排
每份牛排分量都很大

洛克罗炖煮
牛肉、玉米、南瓜和豆子熬制的浓汤，宜冬季饮用

花生牛轧糖
由软牛轧糖和花生酱制成

小面包
由木薯和玉米制成。最经典的是由奶酪、牛奶和鸡蛋烹制

细长面
这种细长面条由意大利移民带入阿根廷

甘蔗

向日葵
其籽可提炼出向日葵油

甘薯
又名"美国土豆"

伊瓜苏瀑布

"大蒜酱"
用欧芹、牛至草、食用油、醋和大蒜制成的烤肉酱

夹心饼
焦糖、果酱夹心的甜。有时还会撒上一层薄薄的糖霜

拉美酥皮饺子
用月牙形的油酥面团制成的食品，内馅有牛肉或鱼肉等

高粱
谷物，可制成面粉或高粱米

小麦

大豆
阿根廷是世界上主要的大豆产地之一

葡萄
阿根廷出产多种葡萄酒

玉米

博卡区

烤肉
阿根廷的民族特色菜肴：炭火烤肉

西班牙辣香肠
在铁架上烤制的肉肠

桃子

阿根廷马
阿根廷人的至马。不能食用，仅供出口

潘帕斯肉牛
在阿根廷宽广的平原上养殖了很多食用牛

布宜诺斯艾利斯

番茄

苹果
"黑河"（内格罗河）流域出产的苹果最有名，又红又大，味香多汁

巴西鲷
生活在普拉达河流域的淡水湖中

牛奶焦糖酱
由牛奶和糖熬制成

梨

马基莓
又名"巴塔哥尼亚蓝莓""抗氧化之王"

虾

抹香鲸
大西洋

马黛茶
阿根廷国饮，用一种名为"bombilla"的带滤网式吸管饮用

绵羊

大西洋鳕鱼
生活在巴塔哥尼亚寒冷水域的大洋底栖性鱼类

山羊

海狮

莫雷诺冰川

玛拉兔
又名"巴塔哥尼亚巨兔"是世界第三大啮齿动物

马尔维纳斯群岛
（英称福克兰群岛）
（阿根、英争议）

世界上最长的活冰川（正面宽达4000米，高达60多米，长度横跨34千米）

烤乳羊
巴塔哥尼亚当地特色烤全羊

首都：布宜诺斯艾利斯
人口：4359万
面积：2,780,400平方千米
官方语言：西班牙语

受西班牙和意大利饮食习惯影响，阿根廷菜的主要食材为各种肉类。当地的肉牛、乳牛、马和羊都在露天环境中散养，或在纯天然的牧场喂养。基于这一原因，阿根廷的肉类在全球享有盛名。有时漫步在大街上，途经小吃售卖亭，就能见到一种焦糖牛奶和冰激凌制成的甜品在售卖。

阿根廷

智利

首都：圣地亚哥
人口：1819万
面积：756,626平方千米
官方语言：西班牙语

智利土地富饶，决定了当地美食的多样性：种植有玉米、番茄和40多种土豆，海里存活着许多贝类和鱼类。面包是智利每个家庭饭桌上不可或缺的食品。尤其是等待头盘菜上桌之前，可作为开胃食品，时常涂上黄油球或蘸酱食用。在智利，每天都有4顿正餐：早餐、午餐、下午茶和晚餐。

紫薯

海鲜汤
非常新鲜味美

智利炖牛肉
特色牛肉干炖菜

圆面包
用白面粉和奶粉制成的松软小面包

乌米塔
即南美粽子。用玉米叶或香蕉叶包裹玉米片煮熟后食用

杏

奥霍斯-德尔萨拉多山
世界上最高的火山，标高6891米

甜玉米派
由玉米面、牛肉和鸡蛋制成的面饼

复活节岛面包
名字平平无奇，却是圣诞节期间的经典甜点

牛油果

智利汤菜
由土豆、牛肉和小辣椒熬制而成

土豆面饼
用土豆和面粉制成，味道可甜可咸

★ **烟熏辣椒粉**
以小干辣椒为主料制成的混合香料

帝王蟹
蟹肉非常名贵，营养丰富

葡萄

南瓜

煨面包
在炭火上烤制而成

海鲜炖菜
食用方法：在地面上挖一个洞，将各种海鲜、鸡肉及猪肉放入烹煮

胡安·费尔南德斯群岛

大龙虾
在这些群岛附近可以钓到许多大龙虾

圣地亚哥
当地有世界上极富特色的猕猴桃集市

猕猴桃

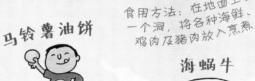
鳗鱼汤
用耐热的陶瓷锅加热，非常美味

马铃薯油饼
马铃薯做面皮，加肉馅，可放在石头上烧烤或煮熟

海蜗牛
软体动物，在智利绵长的海岸边养殖

白草莓
在薯榜地区种植，个小、红籽

★ **智利鸽**
其羽毛顶冠与眼睛颜色接近，很漂亮。更有意思的是，它下的蛋是天蓝色的

鲍鱼
个头巨大，常与土豆泥一起食用

蚌（蛏子）
体型细长的大型软体动物

卡尔布科牡蛎
外壳边缘为深色，体型小，味道鲜美

智利爱神木

白豆

太平洋

大根乃拉草
大型观叶植物，世界上最大的草本植物之一

"皮科罗科"蛤蜊
甲壳动物，其软体部位紧贴海底的泥沙生长

食用海带
晒干后可在市场售卖

羔羊

鲑鱼
别称"三文鱼"，生活在巴塔哥尼亚的清澈水域

智利海鲈鱼

智利腕海鞘
杂色壳体的软体动物，体表似细小海岩

鳗鱼
海生鳗鱼，游弋在智利沿海水域

合恩角
位于南美洲最南端，为太平洋与大西洋分界线

北极鲸

冰岛

大西洋灰海豹

欧洲

大揭秘

欧洲是世界上最先出产奶酪的地区。有上百种新鲜和应季奶酪，从羊奶、山羊奶以及乳牛牛奶中提炼。"奶酪"一词起源于希腊语"formos"，意思是将发酵凝炼的牛奶制成块状。

橄榄遍布整个地中海地区，在古代被认为是生命力很强的树种，实际上可以活上千年。其果实经过压榨后可提炼出纯净的橄榄油，这种珍贵的食材可作为许多菜品中的调味品。

北海

燕麦

阿伯丁·安格斯牛

大西洋鳕

荷兰

英国

比利时

卢森堡

牡蛎

法国

布雷斯鸡

利木赞肉牛

大西洋

海鲷

葡萄

小麦

杏仁

薰衣草

摩纳哥

西班牙

安道尔

金枪鱼

黑猪

橙子

绵羊

海鲈

生活在森林里的猛禽，昼白昼出动
长尾鸮（xiāo）

啮齿目动物，会用利爪挖开雪面来寻找食物
旅鼠

卷心菜

波莫尔卡盐

甜菜

蔓越莓

驯鹿

罗曼诺夫绵羊

野生荚蒾

挪威

瑞典

芬兰

俄罗斯

细嘴松鸡

尤尔洛夫鸡

蘑菇

波罗的海

黄瓜

爱沙尼亚

拉脱维亚

立陶宛

土豆

浆果

白俄罗斯

霍尔莫戈雷鹅

哈萨克斯坦

德国

波兰

拉门斯洛鸡

捷克

甜菜

大麦

高粱

乌克兰

摩尔多瓦

小米

列支敦士登

奥地利

斯洛伐克

匈牙利

鹿

灰狼

罗马尼亚

克罗地亚

意大利

波斯尼亚和黑塞哥维那

塞尔维亚

葡萄

多瑙哲罗鱼

黑海

橄榄

黑山共和国

保加利亚

番茄

阿尔巴尼亚

希腊

马其顿共和国

土耳其

俄罗斯、哈萨克斯坦、土耳其的一小部分在欧洲，其他疆域则位于亚洲

阿月浑子

地中海

萨科尼基茄子

章鱼

英国

🏛 首都：伦敦
👥 人口：6470万
📐 面积：244,100平方千米
🗣 官方语言：英语

英国菜受当地温带气候以及众多英国殖民地间美食融合的影响，常使用土豆、谷物、酱汁和各种调味料（如咖喱）为原材料。英国全境内养殖着牛、羊和猪，可加工成多种繁多的奶酪和鸡蛋，还有各种肉类、炖菜、汤及成味来来饭的面包。

鸡肉韭菜浓汤

由鸡肉和韭菜烹制的浓汤

沙丁鱼

北海

英国人通过临海活动，曾经在全世界建立了殖民地，版图扩展至印度甚至至美国等许多地方，这些地方带回了许多食物配方和香料

牡蛎

黑线鳕鱼

深海鳕鱼，一般去内脏去头后熬煮食用

浆果

果酱

苦橙加工而成，很受欢迎

赫德威克绵羊

野生黑莓多料

苏格兰高地奶牛

肉质名贵，味道鲜美

邓禄普奶酪

用17世纪的配方制成的手工奶酪

文斯勒德奶酪

石南花

多年生灌木，可以其花朵中提取出深色深色花蜜

尼斯湖水怪

1500多年前，就已流传出冷的尼斯湖水中有巨大怪兽的尼斯湖水怪神祇的尼斯湖水怪出没

阿伯丁·安格斯牛

很古老，因其所在郡布得名

皱叶甘蓝

燕麦

营养价值很高，可熬制燕麦粥

苏格兰

野生鲑鱼

土豆

黑布丁

猪血、肉、燕麦等制成的香肠，苏格兰人常在早餐时食用

挪威海鳌虾

即"都柏林大对虾"，因主产地为爱尔兰与不列颠海岸的海域，又称爱尔兰海鳌虾

黄油酥饼

用面粉、黄油和糖制成的饼干

芝士焗卷心菜

苏格兰传统菜肴，甘蓝、土豆、胡萝卜，苏格兰以土豆和洋葱葱与主食材

大麦

设得兰群羊

没得兰群岛位于苏格兰北西面的遥远群岛

个头较小，原产自斯堪的纳维亚半岛，据传其维京人将其带到现今设得兰群岛的

英格兰美食地图

主要食物标注：

- 大黄
- 诺福克火鸡
- 油菜：可观赏，油菜籽可榨油
- 斯蒂尔顿奶酪：世界三大蓝纹奶酪之一，味道浓烈
- 绿宝苹果：个头较小
- 水果酒
- 啤酒花
- 鲽（dié）鱼
- 圣诞布丁蛋糕
- 英国派
- 大本钟
- 伦敦
- 边区埃克斯特羊
- 伍斯特郡酱（辣酱油）
- 格洛斯特硬干酪
- 绵羊
- 格洛斯特郡郡花猪
- 切达奶酪
- 萨里郡菜肉烘饼
- 烤牛排
- 威尔士堡牛
- 威尔士
- 三郡梨酒
- 小麦
- 英国大黑猪
- 泛尔河牡蛎
- 绯鲤
- 怀塔克奶酪
- 爱尔兰海
- 爱尔兰炖肉
- 爱尔兰燕麦粥
- 凝脂奶油
- 司康饼
- 约克郡布丁
- 炉丁蛋糕
- 牧羊人派

约在1650年，第一批英国船队从中国把茶叶运到了大不列颠群岛。最初只有在药店出售，供富人享用。直至今日，饮茶渐渐演变为人们习以为常的生活方式，英国人一般有饮下午茶的习惯。

炸鳕鱼配薯条是英国人最喜爱的菜肴之一。在英国，鳕鱼（通常是大西洋鳕鱼或黑线鳕）表面裹上面糊或面包屑，炸至金黄酥脆，即炸鱼，与香脆的炸薯条一起食用。

挪威

- 首都：奥斯陆
- 人口：521万
- 面积：385,155平方千米
- 官方语言：挪威语

挪威是鱼类出口大国，鱼类是挪威菜的主要食材：特别是鲱鱼和鲑鱼，举世闻名。这里的森林还未受到污染，盛产野生浆果和各种水果；漫长的海岸边养殖着羔羊；而气候较温和的地区种植着土豆和甜菜，常拌在沙拉中一起食用。在挪威，新的一天通常由咖啡、面包、煮鸡蛋、奶酪和腌鲱鱼开始。

全球种子库

在距离北极约1000千米的冰川地带，挪威政府建造了一座巨大、先进的种子库——"末日穹顶"，来储放世上现存所有植物的种子（约1万多种）

斯瓦尔巴群岛
位于北冰洋，是最接近北极的可居住地区之一

北欧鳕鱼
可加盐腌制成咸味鳕鱼干，也可晾干成原味鳕鱼干

北冰洋

挪威北角
欧洲大陆最北端。在北极圈内，每年夏天都可追寻到午夜不落的太阳

鲑鱼

驯鹿
又名"北欧山莓"，自生在天然沼泽地带

欧亚驼鹿

云莓

野生小羊，是北欧最古老的羊种

挪威野羊

挪威马鹿

挪威海

北极虾

黑线鳕鱼
虽名字有些奇特，但也属于鳕鱼家族

青鳕

是挪威猎人争相狩猎的对象

蔓越莓

奶油夹层蛋糕
可用来庆贺生日，由奶油和新鲜水果制成

扁面包
当地传统薄面包，由水和粉混合搅拌，再烘烤而成

杰托斯特芝士
焦糖色奶酪，早餐时切片配面包食用

风干腌羊肋排
挪威国菜，传统圣诞大餐。将羊排晾干后再放在白桦木条上面蒸

挪威华夫饼
薄脆饼，需要用一种特殊具来制作锥形蛋卷

渍鲑鱼片
用盐、糖和莳萝腌制而成

熏羊头
已有千年历史，仍用最古朴的方法熏制，挪威西部的圣诞节传统美食

松鸡

老菁甘蓝
根用蔬菜，味淡、色灰白，似萝卜，又名洋蔓菁、洋大头菜

默勒-鲁姆斯达尔郡鳕鱼干
挪威漫长的西海岸海产丰富，鳕鱼干是传统出口产品，现仍用传统方法制作

挪威政府禁止进口土豆，居民只可购买本地出产的土豆

风干咸羊腿

酸乳酪粥
羊肉火腿，通常用盐腌、晾干和熏制的方法烹制
由酸奶、全脂牛奶、黄油和桂皮制成的甜粥

阿夸维
挪威国酒。烈酒，主要原料为马铃薯，适宜在圣诞大餐上饮用

盐腌或熏制的鲱鱼食品

Sunmore鲱鱼罐头

挪威红牛
中等体型，乳肉兼用型牛

苹果

阿斯特里克斯土豆
红皮土豆

巨魔土豆
淀粉含量很高

葛缕子香味干酪
历史非常悠久，常搭配焯土豆或黄油面包食用

手工煎饼
用土豆、面粉和牛奶制成的又软又薄的饼

杏仁饼
大个环状甜点，通常为婚礼或圣诞节准备

挪威臭鱼
用鳕鱼腌制、发酵，历时几个月制成，酸臭无比

薜萝

甜菜

奥斯陆

北海

羊肉炖包菜
挪威国菜，由羊肉和卷心菜和胡椒粒焖煮而成

卡斯克
用淡咖啡和伏特加制作的鸡尾酒

瑞典

首都：斯德哥尔摩
人口：988万
面积：449,964平方千米
官方语言：瑞典语

由于瑞典寒冷的气候和漫长的冬季，食物必须保存很长时间，瑞典人因而形成许多独特的饮食习惯。瑞典的食品熏制、风干和腌制技术都很发达，如大家熟知的腌驯鹿肉、鲑鱼和鲱鱼。最知名的美食当属瑞典式自助餐，餐桌上摆满供食用的菜肴，宾客可自助享用。这一仪式一般只在圣诞节期间举行，被称为"julbord"，意思是"圣诞大餐"。

凯乐斯白鳟鱼鱼子酱
又名瑞典鱼子酱。橙黄色的白鲑鱼卵，可盐腌或冰冻，也可鲜食

烟熏驯鹿肉
传统瑞典美食。来自北欧的萨米牧人饲养驯鹿一般由是其主要经济基础

驯鹿
瑞典人养殖驯鹿是为了享用其肉和奶，也会让它去拉雪橇

云莓
在瑞典，常用云莓酱配薄煎饼食用

驼鹿

露西亚面包
因其外形呈S形而知名，藏红花使面包有了金黄的色泽和独特的口感

瑞典煎饼
传统甜味薄煎饼，类似法国可丽饼

西博滕奶酪
淡黄色硬干酪，表面有小孔及颗粒，香味独特

蔓越莓

肉桂面包卷
瑞典风味小吃。由桂皮、牛奶和黄油制成，常撒上一层细细的肉桂粉

脆面包
用小麦和黑麦制成，香脆可口。可当早餐或零食享用，常配牛油果沙拉

瑞典野莓

谢勒庞牛
长有斑点和花纹的母牛

瑞典肉丸
牛肉末、猪肉末混合土豆和蔓越莓酱制成

耶姆特兰山羊奶酪
存放在石洞里的陈年奶酪，表皮有蓝色斑纹

北极红点鲑

蓝莓汤
用蓝莓制成的饮品，冷热都可饮用

瑞典自助餐
亦称"海盗菜"，一桌由3～6道菜组成的自助餐

姜饼
姜汁饼干，瑞典冬季传统食物

蘑菇
瑞典广袤的森林是蘑菇理想的生长之地，品种丰富

燕麦

玫瑰果汤
汤色艳红，带有玫瑰果的清香

渍鲑鱼片
腌制三文鱼片。传统制作方法为：在鱼肉上抹上糖和盐后埋入沙子下腌制

黑琴鸡

大黄
可用来制作美味的蛋糕

包菜卷
冷碎肉和米饭包在卷心菜叶里做成的肉卷

波罗的海鲱鱼

瑞典鲱鱼罐头
瑞典传统食物。鲱鱼自然发酵而成，号称"世上最臭的食物"

土豆

大麦

虾

辣根
根部微辣，做肉时可去除腥味

油菜

黑松露
哥得兰岛森林茂密，生长着许多黑松露

咖啡
当地人习惯饮用咖啡，常搭配小饼干和甜点食用

苹果汁
当地孩子特别喜欢喝苹果汁，有时会加水稀释后饮用

牡蛎

猪

鹅

厄兰岛褐色豆

甜菜

苹果

欧洲鳗
成体在淡水中度过，但会穿越大西洋，到马尾藻海去产卵

猪肉豌豆汤
由豌豆和培根炖煮而成，传统上在周四食用

斯堪的纳维亚山脉

波的尼亚湾

斯德哥尔摩

长袜子皮皮之家

波罗的海

北海

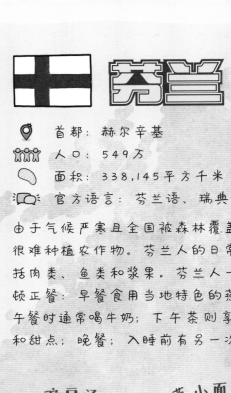

芬兰

- 首都：赫尔辛基
- 人口：549万
- 面积：338,145平方千米
- 官方语言：芬兰语、瑞典语

由于气候严寒且全国被森林覆盖，当地很难种植农作物。芬兰人的日常饮食包括肉类、鱼类和浆果。芬兰人一天有五顿正餐：早餐食用当地特色的燕麦粥；午餐时通常喝牛奶；下午茶则享用咖啡和甜点；晚餐；入睡前有另一次茶点。

咸味甘草糖
黑色菱形糖果，味道独特，是芬兰人的最爱

云莓利口酒
用云莓浆果酿成的甜酒

云莓
芬兰2欧元硬币的背面图案就是云莓的果实和叶片

圣诞老人村
从这里可以看到科尔瓦山的山坡

烟熏肉
驯鹿咸肉及烟熏肉

蔓越莓和黑莓

红醋栗和黑醋栗

野草莓

驯鹿

咖啡
芬兰是世界上人均消耗咖啡最多的国家

豌豆汤
用绿豌豆熬制，可搭配猪肉食用

豆蔻小面包
小豆蔻籽制成的甜面包，编成辫状

凯努馅饼
用黑麦、土豆泥和蔓越莓制作的馅饼

白鲑
很名贵，是鲑鱼和鳟鱼的"表兄弟"

烤肉肠
将鸡肉肠火烤，常配芥末和啤酒享用

黑麦面包
黑麦做成，子硬且带酸

蓝莓派
蓝莓口味的小蛋糕

黑麦有洞面包
将面包做成圈状，用木棍穿过中间的空洞，悬挂在天花板上晾干贮存

沙棘
果实很小，可用来制作果汁和果酱

卡累利阿派
以发源地命名的黑麦外皮，米饭

炖驯鹿肉
将驯鹿肉和土豆、蔓越莓一起烹制而成

超过70%的芬兰国土被森林所覆盖

红菇

芬兰生长着200多种可食用蘑菇

牛肝菌

鸡油菌

芬兰鸡蛋奶酪
用鸡蛋制成的特色奶酪

鲑鱼

松鸡芬兰亚种
走禽，体结实、喙短、抗寒，生活在树林里

爱尔夏牛
带有红白斑纹的肉牛，原产英国，出口到别的国家

面包奶酪
由牛、驯鹿或山羊的奶制成，很柔软，表面似轻微烧焦

波的尼亚湾

甜菜

萝卜

小麦

大麦

肉桂卷
加了肉桂粉的面包直译为"折耳"

鸡蛋黄油酱
将煮鸡蛋捣碎，加黄油搅拌，可搭配面包食用

波罗的海鲱鱼

燕麦

豌豆

黑麦

野天鹅
国家级保护动物

土豆

赤鲈

鱼馅饼
类似卡累利阿派，个头更大，以鱼肉和牛肉做馅料

赫尔辛基

芬兰湾

波罗的海

 荷兰

- 首都：阿姆斯特丹
- 人口：1698万
- 面积：41,526平方千米
- 官方语言：荷兰语

荷兰美食以简洁性闻名于世：以水果、蔬菜为基础，食材包括各种鱼类、奶酪和奶制品。大街上的小吃亭售卖各种当地特产，如鲱鱼，通常是生的，可像薯条一样，用手拿着吃。荷兰人每天仅吃一次热乎的餐食，一般是在晚餐时。下午会喝下午茶，父母会在给小孩饮用的茶里加入牛奶。

北海

欧蝶鱼

鲱鱼

鲭鱼

脆鲱鱼
用盐腌制，鱼肉鲜甜可口，常将整条一口吞下

荷兰奶牛
原产于荷兰，毛色为黑白花片

葡萄干面包
西北部地区典型食品，营养健康

甘草糖
荷兰很流行，由洋甘草根部提取物制成

鲷鱼

德伦特绵羊
很古老，生活在荒地地区

土豆
荷兰人的主食，可用来制作淀粉

大麦

黑麦切片面包
很受荷兰人欢迎的黑麦面包

埃丹奶酪
红色圆形奶酪，源自埃丹小镇，当地夏季有奶酪集市

红萝卜
外形肥大的胡萝卜

燕麦

烟熏香肠
烟熏制成的香肠

阿姆斯特丹

风车磨坊

灰虾

莱顿奶酪
黄色，内有欧芹萝，口味较重

黑甘蓝菜

甜菜

苹果皇后

牡蛎

高达奶酪
产自荷兰高达镇。黄色、车轮大小的圆饼形

番茄

小麦

块根芹

全麦切片面包
味道比黑麦面包更淡一些

钴蓝色，长度达40厘米

拦海大坝龙虾

草莓

荷兰豆

荷兰混合香料
一种混合香料，可用来制作甜品

荷兰松饼
肉桂焦糖来馅的松脆饼干

炖羽衣甘蓝
将甘蓝菜和熏肉肠炖煮而成

荷兰风车曲奇
"圣尼古拉斯节"的节庆食品，含有黑麦和茴香的圆形小饼干

豌豆汤
用肉丁、干豌豆熬成的浓汤，常冬季饮用

"咬面包"游戏
儿童节（圣尼古拉斯节）时小孩玩的游戏：把切片面包挂在绳子上，小孩跳起咬面包

巧克力碎粒
早餐时，常将巧克力粒撒在面包上一起食用

布鲁塞尔芽菜

羽衣甘蓝土豆泥配熏香肠
用土豆泥炖甘蓝，再和香肠一起食用

荷兰传统脆饼干
早餐时食用的脆面包干，吃起来像饼干

苹果糖浆
用苹果做成的糖浆

老鼠面包饼干
面包干涂上人造奶油并点缀茴香糖珠，在小孩诞生时食用（男孩蓝色，女孩粉色）

荷兰煎饼
生日时食用的薄煎饼，烘烤时可添加多种调料

肉酱汁
当地特色肉酱汁

蔬菜土豆泥
由胡萝卜、土豆和洋葱切泥后混合烹制，再搭配焖炖牛肉食用

菜豆加油炸培根
松脆小碎肉，可搭配菜豆一起享用

花生酱
可抹在面包上食用，是荷兰儿童的最爱

荷兰苹果派
内馅为桂皮和葡萄干的苹果蛋糕

德国

🏴 首都：柏林

👥 人口：8218万

📐 面积：357,021平方千米

🗣 官方语言：德语

德国菜具有很强的传统性和地域性。饮食种类丰富，简单卫生而有营养。德国人尤其喜欢食用牛肉和猪肉、香肠、土豆、麦粥和淡水鱼。德国人的一天是从丰盛的早餐开始的：有鸡蛋、奶酪和香肠，常搭配面包一起食用。德国的面包种类多达300多种。

波罗的海

鲤鱼 淡水鱼主，有名的"之称。生活在不仅部的勃兰登堡地区的湖区。

樱鲷

吕贝克杏仁糖 当地著名甜品，由杏仁和糖制成，表面敷有巧克力

果汁麦糊 用浆果和樱桃做成的稠汁

糖林童话《糖果屋历险记》中，女巫的房子就是杏仁糖中最做成的，德国有很多这样的糖果屋

油炸甜甜圈 油炸蘑菇形甜点，内为果酱夹心。在各地区叫法不同

德式腌酸黄瓜 经常当小菜，和香肠一起食用

咖喱香肠 油煎香肠切块，可以加咖喱粉和番茄酱食用

洋甘菊

西洋接骨木 落叶乔木或大灌木，果实密黑果色，可用来做甜汤

沙棘

燕麦

蠕虫奶酪 奶酪撒上黑麦叶后静置在蛆虫中几个月，这种物会不断滋长，其排泄物让奶酪变黑色后食用，的小动物会不断滋长，的排泄物让奶酪变黑色后食用

施普雷河 沿湖交叉地分布在河流，沿岸针叶林，当地最著有名的蔬菜是黑黄瓜

白桦林

勃兰登堡门 柏林

奥尔托小萝卜 人工培育的萝卜，白色，根部细长且较长

糖用甜菜

拉门斯洛鸡 其嘴和爪子都是蓝色的

食用甜菜 又名红萝卜，通常是煮熟后，和土豆一起食用

芜菁

黑麦 长着长长的灰黑色芒，产于欧洲大部

辣根 根部青香带辛辣，白生白长，可生吃也可磨碎当佐料食用

土豆 德国很多区域都种植土豆，烹调方法名样

草莓

吕纳堡绵羊 长着长长的灰黑色芒的

猪 德国是欧洲养猪大国，德国养猪大国

荷兰斯坦奶牛 白身为灰色，猪泼灰上有黑色斑点

羽衣甘蓝 呈叶卷曲，结构和形状似像甘蓝

欧洲鳗

泥炭羊 灭绝，紧殖在泥炭羊营的松林中

本特福缬斑点猪 身身为灰色，猪泼灰上有黑色斑点的

威斯特法伦软熏黑肠 汉堡市有名的典型美食

德国科隆巧克力博物馆 在这里，你能发现所有长寸巧克力的甜蜜秘密

北海

高眼鲽

鳕鱼 蛋糕粉加入黄油、奶面撒椰碎，烤制，口感松软

洋梨、豆子烩培根 汉堡市香肠的典型美食

焖炖牛肉 将牛肉加入红酒、酸奶油炖煮，配咸甘蓝、土豆享用

白芦笋

兔子 这种表味香愈浸可追溯到中世纪的历史

图林根土豆丸子

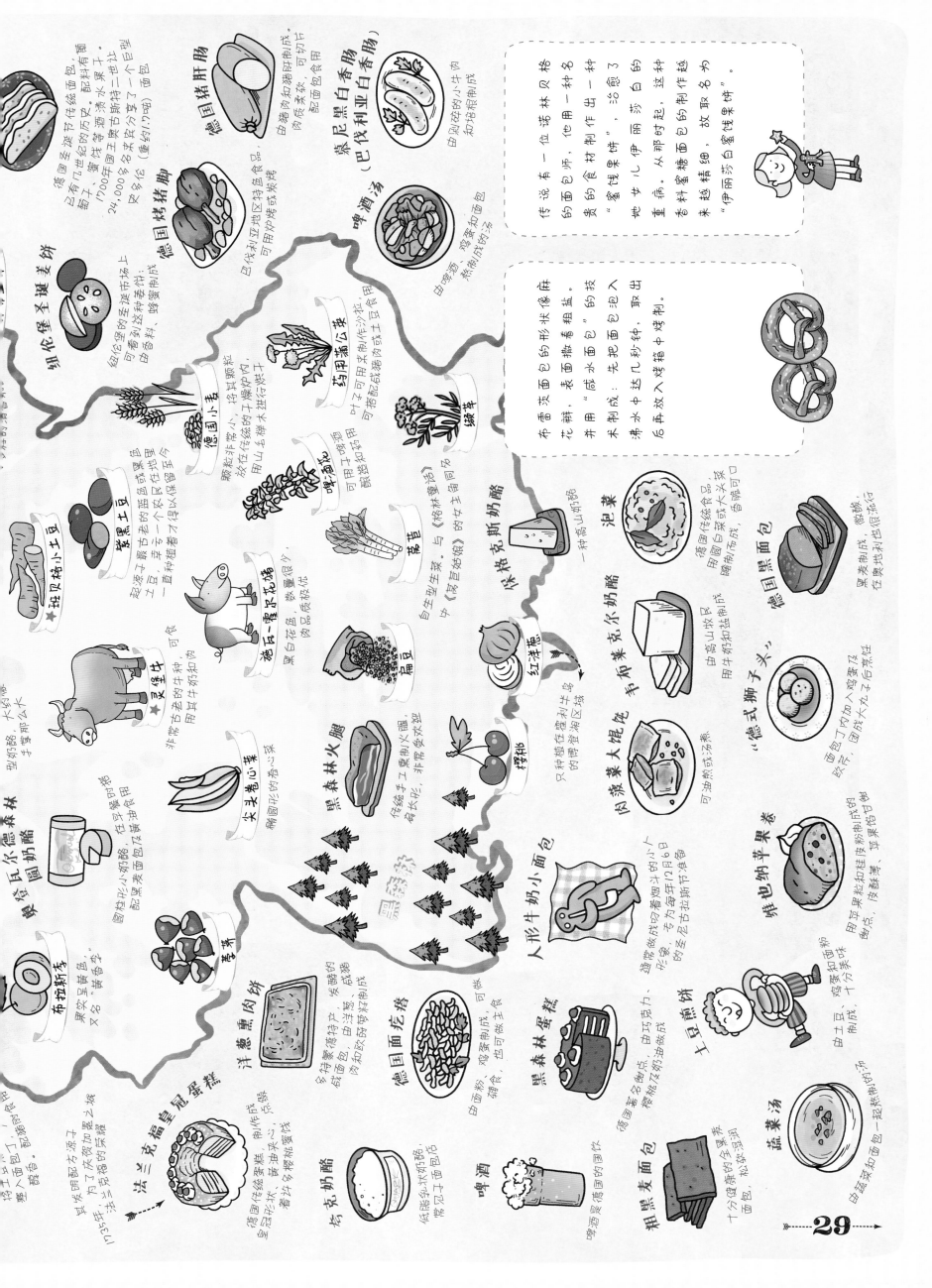

德国圣诞姜饼

纽伦堡圣诞姜饼
纽伦堡的圣诞节市场上，可看到这种姜饼，由香料、蜂蜜制成。

德国猪肝肠
由猪肉和猪肝制成，肉质柔软，可切片，配黑面包食用。

德国烤猪脚

慕尼黑白香肠（巴伐利亚白香肠）
由小牛肉和培根制成，可用炉烤或水煮。

啤酒汤
由啤酒、鸡蛋和面包熬制成的汤。

德国小麦
颗粒非常小，将其颗粒放在传统的干燥炉内，用山名样木进行烘干。

药用蒲公英
叶子可用来制作沙拉，可搭配烤猪肉或土豆食用。

绿草

啤酒花
可用啤酒花酿造和饮用。

莴苣
白生型生菜。与《格林童话》中《莴苣姑娘》的女主同名。

保格克斯奶酪
一种高山奶酪。

泡菜

德国传统食品，用圆白菜或大头菜腌制，酸酸可口。

珍贝格小土豆
紫墨土豆
起源于最古老的蓝色或黑色土豆，一直种植保留至今。

德瓦霍尔芝芯糖
黑白花色，数量很少，肉质疏松。

扁豆

红洋葱
只种植在博登湖区域。

布莱克尔奶酪
由高山牧区，用牛奶和盐制成。

德国黑面包
黑麦制成，微酸。

"德式狮子头"
面包丁内加入鸡蛋，圆成大丸子后煮熟。

灵堡牛
非常古老的牛种，用其牛奶和肉。

尖头卷心菜
稍圆形的卷心菜。

黑森林火腿
传统手工熏制，褐红色，非常受欢迎。

樱桃

波美大馄饨
可油煎或汤煮。

维也纳苹果卷
用苹果粒和葡萄汁粉制成的酥点，皮酥薄。

恩登瓦尔德尔森林圆奶酪
圆柱形小奶酪，配黑麦面包及黄油食用。

布拉斯冬
果实呈黄色，又名"黄香李"。

姜芽

人形牛奶小面包
常做成吃带着烟斗小人形象。

洋葱熏肉饼
多特蒙德特产，发酵的圆面包，由洋葱、咸猪肉制成。

德国面疙瘩
由面粉、鸡蛋制成，可做主食。

黑森林蛋糕
由面粉、鸡蛋、樱桃及奶油制成。

土豆煎饼
由土豆、鸡蛋和面粉制成，十分美味。

法兰克福皇冠蛋糕
德国传统蛋糕，皇冠形状。

夸克奶酪
低脂软状奶酪。

啤酒
啤酒是德国的国饮。

粗黑麦面包
十分健康的全麦面包。

蔬菜汤
由蔬菜和面包一起熬制的汤。

传说有一位诺林贝格的面包师，他用一种贵重食材制作出一种"蜜饯果饼"，治愈了女儿伊丽莎白的病。这种蜜饯果饼因名为"伊丽莎白蜜饯果饼"。

布雷汶面包的形状像麻花辫，表面撒着粗盐，并用"碱水面包"的技术制成：先把面包放入沸水中达几秒钟，取出后再放入烤箱中烤制。

河鲈

波罗的海鲱鱼
体型比大西洋鲱鱼还要小

波罗的海

鳕鱼

鲑鳟鱼
有些生活在淡水区域，有些栖息于海洋；喜在低温清澈的水域繁衍生长，被称为"冷水鱼"

甘蓝
有绿色、紫色和红色，常作为配菜食用

犬蔷薇
其浆果是制造果酱的最佳原料

酸奶油
波兰菜中必不可少的调味料

波兰甜甜圈
果酱馅的油炸面包，裹有糖霜，常在"油腻星期四"食用

波兰甘蓝肉
用甘蓝叶将肉末和米饭包成的肉卷

甜菜汤
用甜菜熬制成的红色菜汤

德式下午茶香肠
波兰人吃下午茶时，爱将这种香肠切片配面包食用

东欧酸梅
甜味饮品，把水果放入糖浆中煮开

猪

野猪

欧洲野牛
欧洲现存最大的原生食草动物

姜饼
在圣诞节食用的美味饼干

啤酒
啤酒是波兰人很喜欢的饮品

醋栗
椭圆形水果，表皮长满绒毛，营养丰富、风味鲜美

浆果
波兰是世界上最大的浆果原产地，最重要的作物是醋栗

苹果
波兰的苹果香脆而多汁

土豆
波兰人最常食用的是煮土豆，也会用土豆来做汤或菜汤

图霍拉森林

比亚沃维耶扎森林

瓦津基宫

欧洲最后一片原始森林

华沙

黑麦伏特加
波兰人经常饮用这种烈性酒

蘑菇
波兰森林里的蘑菇品种十分丰富

大麦

荞麦

燕麦
可从中提取麦片，搭配牛奶食用

酸黄瓜
味道有点儿酸涩，可做腌菜

波兰面疙瘩
填入肉馅的大面疙瘩，可水煮

甜菜
波兰种植有产糖的甜菜，以及可做汤的红甜菜

小麦

绵羊

草莓

维利奇卡盐矿
欧洲最老的盐矿之一，可追溯到13世纪

黑麦
这种谷物磨成的面粉可制作黑皮面包

泡菜
波兰人热衷食用泡菜，即发酵的卷心菜

茶
波兰人习惯在用餐时饮茶

茴萝
气味清香，外表似茴香

熏制羊奶干酪
用盐渍羊奶制成，呈纺锤型，表面压印着几何图案

塔特拉山
欧洲最小的山脉（东西长104千米）

牛

首都：华沙
人口：3844万
面积：312,685平方千米
官方语言：波兰语

波兰菜的主要食材有土豆、萝卜和肉类；森林覆盖全国，植物品种丰富，有各种蘑菇和浆果。午餐是每日最重要的一餐，通常会有一道汤，主菜有肉和蔬菜，最后是甜点，搭配茶或李子汁食用。

烤面圈
面包圈，通常表面会撒芝麻籽，芳香四溢

蜂蜜酒
波兰节日传统饮品，用天然蜂蜜加工而成

炸猪排
将裹着松脆面包屑的猪排油炸，配以马铃薯和卷心菜

芥末
波兰传统饮品，添加了发酸的黑麦、白香肠和煮鸡蛋，通常盛放在用面包做成的"盘子"里

黑麦汤

波兰味噌汤
用土豆和黄瓜熬制而成

毕高斯
酸菜，号称波兰国菜，由牛肉、泡菜、蘑菇和调料一起炖煮而成

波兰饺子
口味多样，有蔬菜和肉馅的，也有甜的

芥末
可作为调味料

匈牙利

首都：布达佩斯
人口：986万
面积：93,030平方千米
官方语言：匈牙利语

传统的匈牙利菜多以肉类为主，特别是鸡肉、猪肉和牛肉，通常和土豆及蔬菜一起烧煮。匈牙利出产的牛肉和干白葡萄酒都享有盛名。匈牙利的主要农作物是甜菜和向日葵。一顿典型的匈牙利餐以肉汤或浓汤开始，接下来主菜是主菜（有牛肉或者鱼），最后以甜点结束。

乳酪点心

果酱奶酪卷

啤酒 匈牙利人非常爱喝啤酒

甜菜

洋甘菊 野生十大平原的这种草地也可除去，可除去土豆和沙拉里食用

拉米香肠

酸奶干酪面 冷面搭配乳酸制奶酪，酸奶酪混合及入沟粮食用

匈牙利李子饺子 用子灌肠，将猪肉和辣椒粉、辣椒粉混合成食

帕林卡

扎卡德绵羊 长着很长的螺旋状羊角

大杏 中等个头，味甜

匈牙利红椒焖粹 用匈牙利红椒和番茄炖煮而成

托卡伊甜酒 匈牙利国宝，被称为"液体黄金"，葡萄酒中的水分蒸发后，可酿制出甘甜的晚摘酒

卜洛香肠 产自匈牙利大平原南部，在全国内享有盛名

向日葵

曼加利察猪香肠 匈牙利人用橡树或桤树枝叶喂养，肉可制成熏猪肉、香肠等

红椒粉 匈牙利语中，这种辣椒指"红辣椒"，也可制成辣椒粉，试作为佐料调料使用

大麦

匈牙利灰牛 很古老的奶牛，品质优良，适应生活在平原地带，即匈牙利的广袤草原

兔子

多科依洋葱

曼加利察猪 欧洲未改良的猪油型品种，酷似绵羊，现非常罕见

黑麦

甜辣椒粉

布达佩斯

葛缕子

布达佩斯链子桥 横跨多瑙河，第一座黄正连接布达斯与布达两城的永久性连接桥

多瑙河

鲶鱼

多瑙河梭鲈鱼 被称为"多瑙河中的鲑鱼"

李子

鱼汤 渔夫发明，用各种淡水鱼加入辣椒粉、洋葱等一起熬煮

野猪

匈牙利鹅 匈牙利银流行捕猪鹅种之鹅，以生产鹅肝

梭鲈鱼

鹿 生活于匈牙利西部山区里，庵和野猪都是

土豆

葡萄

小麦

污酸樱桃汤 酸樱桃和鲜奶油制成的冷汤

红椒鸡 冷鸡肉撒油，红椒油焖煮，酸奶油再添加

可丽饼

甘蓝菜肉卷

冷汤

薄脆油饼

奶油布丁

莫洛尼蛋糕

多博什巧克力千层蛋糕

沙丁鱼

大西洋

布列塔尼酥饼

特色法式厚酥饼，用荞麦
面粉、黄油和鸡蛋制成

白葡萄酒烩青口贝

经典法餐，将贻贝用
白葡萄酒焖煮而成

苹果酒

诺曼底地区典型饮品，酒精
含量较低，果味浓厚、香甜

扇贝

甜菜

圣米歇尔山

埃菲尔铁塔

胖土豆
好像没有耳朵的小老鼠

卡蒙贝尔奶酪

法国十大奶酪之首，以地名
命名，有股很刺激的味道

多座城堡
河岸和花

贻贝

潘波勒白芸豆

罗斯科夫红洋葱
味道甜美，口感香脆

卢瓦尔河谷城堡群

布列塔尼牡蛎
布列塔尼地区养殖着
全法国最好的牡蛎

法国盖朗德顶级有机海盐
顶级天然灰海盐，产自布列
塔尼南岸的盖朗德盐田区，
深受厨师和面包师喜爱

蓝龙虾
珍贵稀有，通体蓝色。
布列塔尼地区盛产蓝龙虾，
因此又名"布列塔尼龙虾"

洛里昂甘蓝
长满浓密的花形叶子

沙朗鸭

瓦伦卡奶酪

由山羊奶加草木灰制成，
像座切去顶部的金字塔

利木赞肉牛
又称利木辛牛，
顶级肉牛，原产
法国中部的利木赞

波尔多葡萄酒

比斯开湾

绿色普伊扁豆
品种十分珍贵，味

阿让李子干
味甜而多汁

佩里戈尔黑松

法国劳特累克粉蒜

图卢兹豆
乌黑发亮，
中间有个小白点

图卢兹鹅
羽毛为灰褐
可用来制作特色

比利牛斯山脉

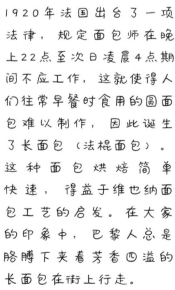
1920年法国出台了一项
法律，规定面包师在晚
上22点至次日凌晨4点期
间不应工作，这就使得人
们往常早餐时食用的圆面
包难以制作，因此诞生
了长面包（法棍面包）。
这种面包烘焙简单
快速，得益于维也纳面
包工艺的启发。在大家
的印象中，巴黎人总是
胳膊下夹着芳香四溢的
长面包在街上行走。

在众多的法式奶酪中，
瑞布罗申奶酪的由来最
具传奇性。当时，牛奶
赋税很重，机灵的牧民
当着税官的面只挤出一
半牛奶，等他们走后，
再把奶牛乳房中剩余
的牛奶挤完，这些后
挤的牛奶比先挤出来
的更浓、更适合制作
奶酪。

鱼子酱
法国是世界上鱼子酱
的主要出产国之一

鹅肝酱
法国传统名菜，提取鹅或鸭
子肝脏制成，越肥越好

法式洋葱比萨
类似比萨的尼斯
经典馅饼，由洋葱、
鳀鱼和黑橄榄制成

普罗旺斯小羊羔后腿
非常美味的小羊腿肉

蒜泥蛋黄酱
产自普罗旺斯，是
大蒜和橄榄油为主
制成的调料酱

法国

圣欧诺雷蛋糕　法式苹果挞　羊角面包（可颂）

呈半月形，可颂加咖啡是法国人最常见的早点

欢庆佳节的糕点，与法国面包师的保护神同名

倒扣的水果挞，上有浇着焦糖的苹果和酥皮

布里奶酪
用生牛奶、核桃仁、蘑菇和大蒜制成

酸菜什锦熏肉
由酸菜、土豆、培根和猪肉烹制的拼盘菜

首都：巴黎
人口：6450万
面积：551,602平方千米（本土面积）
官方语言：法语

法国菜通常选用上等优质食材，经精细加工制作而成。因此2010年，联合国教科文组织将法国菜列入人类非物质文化遗产代表名录。法国奶酪享誉世界，达350多种，广泛用于甜点、法餐中的鱼和龙虾、酱汁及乳蛋饼的制作上。面包店随处可见，从里面出来的人绝不会空手而归，手里的小面包或黄油蛋糕散发出阵阵香气。

球菊苣
色、嫩脆、营养丰富

香槟酒
因独特的气泡、甘甜的香味而闻名世界

葡萄
当地盛产葡萄酒

黄香李

斯特拉斯堡香肠
由牛肉、肥牛肉或肥猪肉制成

蜂蜜
在孚日山脉的群山中可以采集到蜂蜜

罗日山脉

香草蛋糕
美味香甜的蛋糕，专为圣诞节准备

洛林培根咸味派
用油酥面团做饼底的咸味糕点，馅料有鸡蛋、培根、奶油和奶酪

第戎芥末酱
黄色、味辣，是很重要的调味料

第埃普瓦斯奶酪
嫩奶酪，最臭的奶酪最早用栗木叶子包裹

青蛙
在中世纪曾流行吃青蛙

勃艮第红酒炖牛肉
非常美味的经典法国菜

玛德琳蛋糕
贝壳形的柔软蛋糕，法国风味甜点

勃艮第蜗牛
将蜗牛肉和大蒜、红葱及黄油等一起熬煮，再加入欧芹等香料烤制

红酒烩鸡
这道法国名菜象征着胜利，可追溯到恺撒大帝征服高卢时期

弗涅蓝纹奶酪
奶酪，带有霉斑，味道浓烈

布雷斯鸡
与法国国旗同色：羽毛雪白，鸡冠鲜红，脚爪钢蓝。被誉为法国"国鸡"

格勒诺布尔核桃
味道非常好，很稀有珍贵

阿尔卑斯山

霞慕尼特色火锅
有奶酪火锅和涮肉火锅两种，可用小叉子食用

马赛鱼汤
普罗旺斯地区名菜

法式洋葱汤
典型法国风味，由洋葱、面包和奶酪熬煮

中央高原

阿尔代什省板栗

普罗旺斯香草
在太阳下晾干后可制成香料

蔬菜杂烩
起源于普罗旺斯尼斯市，由多种蔬菜炖煮而成

闪电泡芙
形似手指，用奶油面糊制成，表面有一层糖霜衣

砂锅炖菜
法国传统菜，需熬煮3个小时

福羊乳干酪
干酪的一种，点的绵羊乳酪

法国薰衣草
在普罗旺斯广泛种植，可制香水或做菜的调味料

芒通柠檬

马拉渡斯草莓
味道很香甜

多菲内奶油焗土豆
土豆加面包屑和奶酪一起烘烤而成

马卡龙
五彩缤纷，用蛋白、杏仁粉制成

维来甜瓜

橄榄

地中海

法国大菱鲆
别名多宝鱼

野生小猪
科西嘉岛

野猪

米兰炸牛排
小牛排沾上鸡蛋液后冻一冻，醮上面包屑后油炸，蘸上面包屑后油炸。

番茄面包粥
番茄和橄榄油等加入面包烫熟后趁热食用。

阿马特里切意面
用番茄和猪脸肉制作的风味意面。

土豆面疙瘩
西西里岛地区特色菜，由油炸茄子、番茄酱、芝士和番茄酱烹制。

白汁通心粉
由橄榄油、鸡蛋、培根肉及芝士烟制和奶酪烹制。

撒丁饺子
绍小麦粉做成的馅饼，拌料层包裹肉的馅。

罗卜缨耳朵面
普利亚特色面食，配以外形像小耳朵，当地等卜缨制成。

西西里水果雪花冰
由冰制成，果汁制成，类似刨冰。

西西里面里奶酪卷
奶酪油炸酥料，有铁锅，巧克力等采心，西西里岛最经典的甜点。

意式千层茄子
西西里一等又区特色菜，由油炸茄子、芝士和番茄酱烹制。

手工冰激凌
分层甜点，由浸过咖啡的手指饼干、马斯卡彭奶酪等制成。

托斯卡纳蔬菜汤
凉自托斯卡纳的特色菜汤，浓汤，劳人菜汤，不掺鲜生制成鱼汤。

渔夫炖汤
利沃诺地区特色菜，尖约等人菜，尖约将加工制成炖菜汤。

诺玛红酱意面
拌料层番茄、茄子制成的酱汁，战剩下的酱汁制作的酱汁食用。

烤包饼
艾米利亚一等又区特色馅饼，馅料为各酪和奶酪。

提拉米苏
举世词名，口味匀样，有奶油或水果味。

圣达涅火腿
味道香甜、美味，非常珍贵。

蓝鱼

哈蛳

意大利咖啡
特制摩卡壶泡式咖啡，"家居式咖啡"。

苹果派

红菊苣
味道香甜、美味，非常珍贵。

白芦笋
早殖时需温控水温，水后，并加入海盐和醋。

欧洲鳗鲡
早殖时需温控水温，水后，并加入海盐和醋。

罗马涅油桃

藏红花
名贵采采染成黄色。

博洛尼亚千层面
分层面食，由意式肉酱和奶酪烹制。

松露烟熏火腿
产户米兰和维罗那的菌菜类。

上阿迪杰苹果
欧洲销售的苹果中，十分之一产自此地。

传统香醋
产户摩德纳和摩利亚两地的最正宗。

马苏里拉橄榄核子
橄榄中塞入肉馅，裹上面糊油炸。

罗马

肉汤小馄饨
艾米利亚一等又区特色菜，据传其名字起源于"爱神维纳斯的肚脐"。

瓦尔达奥斯塔风干牛肉
拎牛肉加盐、胡椒等调料后风干制成。

瑞纳-帕达诺奶酪
家传武烟熏火腿佳有意大利北部佳生地。

帕尔玛火腿
平酵硬质奶酪。

帕玛森干酪
产户意大利北部的帕达那平原，发酵硬质奶酪。

齐贝洛古拉泰勒火腿
顶级火腿，后腿头部肉，用猪那罗火肉等发酵制成。

契安尼娜牛
这种托斯卡纳特种牛只牛佳肾，可制作美味牛排。

佩科里诺干酪
产自托斯卡纳，拉查奥，意。

米兰烩饭
拎米饭与藏红花、牛肉、蔬菜一起烹制。

戈贡佐拉奶酪
青绿色的蓝纹奶酪。

稻米
有"白色钻石"之称，尤以产自阿尔巴和阿等拉尼亚的最佳。

白松露
有"白色钻石"之称，尤以产自阿尔巴和阿等拉尼亚的最佳。

帕斯塔

波伦塔
由玉米淀粉或粟米淀粉熬制的粥状食物。

若提娜干酪
口感柔滑温润，呈金色。

罗勒

罗勒酱
清香的叶子可用来做罗勒酱，热那亚的罗勒酱最正宗。

莫扎雷拉牛
优良良种牛，瘦肉的含量很高。

水果子
可用来油作"姜杜椒"巧克力名副。

氧特罗曼风尾鱼
产自大西洋的美味小鱼，可盐腌制成酱关保存。

卡萨烈里意大利面
伦巴第地区特色面食，配以土豆，荞麦粉制成。

波伦塔
由玉米淀粉熬制的粥状食物。

热那亚佛卡夏面面包
面粉加入水、盐、橄榄油等成面团，烤制而成。

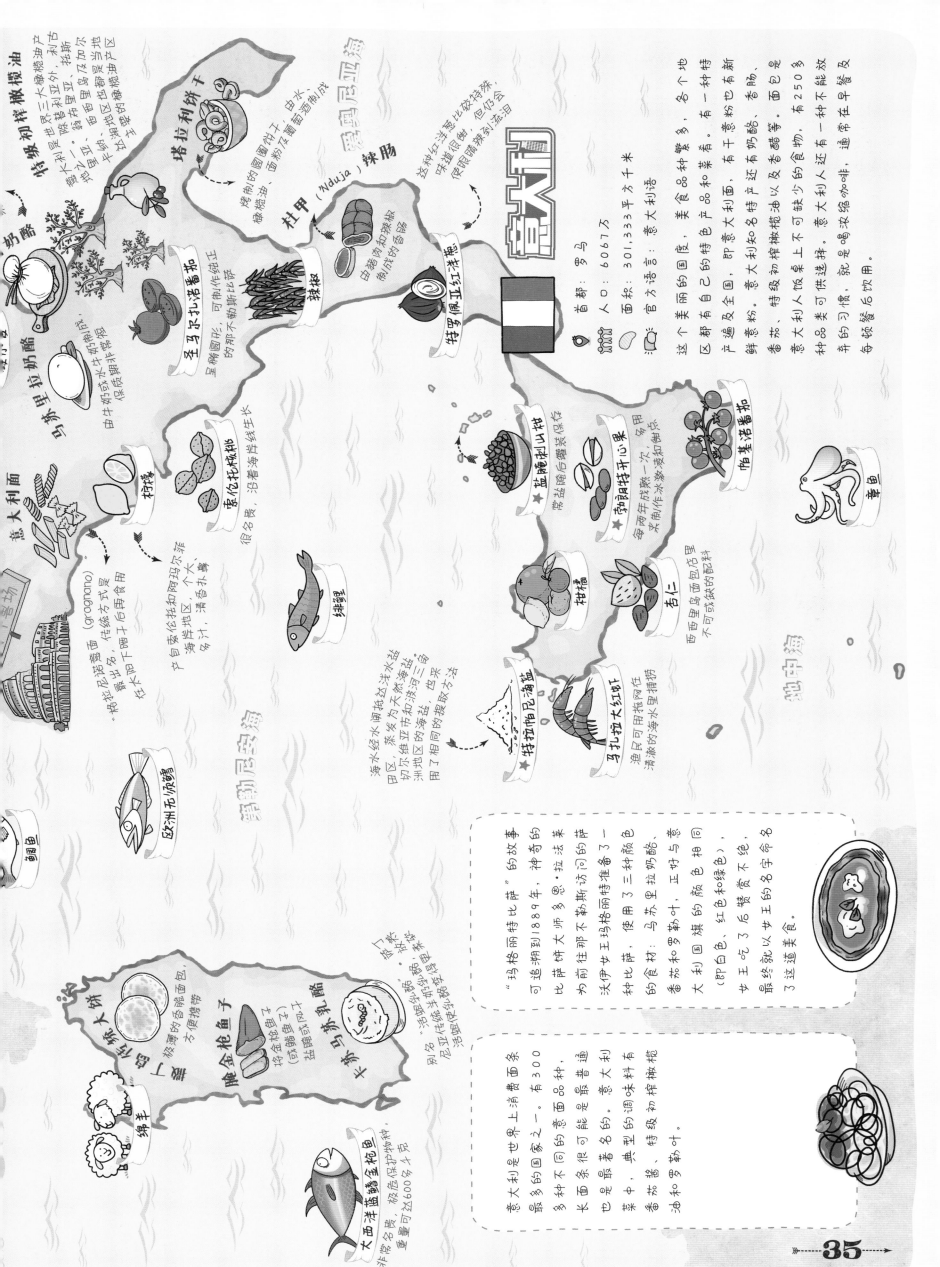

意大利

- 首都：罗马
- 人口：6067万
- 面积：301,333平方千米
- 官方语言：意大利语

这个美丽的国度，美食品种繁多，各个地区都有自己的特色产品和菜肴，有一种特产遍及全国，即意大利面。有干意大利面、新鲜意大利面。意大利知名特产橄榄油以及香肠、番茄、特级初榨橄榄油等等。面包是意大利人饭桌上不可缺少的食物，有250多种的习惯，就是喝浓缩咖啡，通常在早餐及每顿晚餐后饮用。

特级初榨橄榄油

奶酪

意大利是世界三大橄榄油产利亚之外、西西里亚、托斯地中海受当地意大利、翁布里亚及加尔巴纳、西部地区也都是重要的橄榄油产区

塔拉利饼干

烤制的圆圈饼干，由面粉及葡萄酒南制成。

杜甲（'Nduja）辣肠

由猪肉和辣椒制成的香肠

圣马尔扎诺番茄

呈椭圆形，可制作传统的那不勒斯比萨

辣椒

乌苏里里拉奶酪

由牛奶或水牛奶制成保质期非常长

特罗佩亚红洋葱

经这种洋葱比紫洋葱味很甜，但尽管使眼睛喷泪到流泪

柠檬

阿伦橄榄油

很多名贵，沿着海岸线生长

格拉诺意面（gragnano）

"格拉诺"出名，传统各式是最喜阳最喜欢出名，在太阳下晒干后再食用

产自索伦托和阿玛尔菲海岸地区，个大、多汁，清香扑鼻

鲱鲤

海水经闸抵达沃水盐田区，蒸发为天然海盐，切尔维亚市和泼河三岛洲地区的海盐，也采用了相同的提取方法

欧洲无须鳕

蓝庵利山柑

盐腌晒后罐装保存常在两年成熟一次，备用实南作冰激凌和糖浆。

帕基诺番茄

寄阿姆特开心果

每两年成熟，备用实南作冰激凌和糖浆。

柑橘

杏仁

西西里岛面包里不可或缺的配料

章鱼

特拉帕尼海盐

马扎拉大红虾

渔民可用拖网在清澈的海水里捕捞

地中海

塔拉特大饼

腌金枪鱼子

腌金枪鱼子（鲣金枪鱼子）盐腌或风干

乌苏乳酪

别名"活喉华纳奶酪"尼亚"活喉华纳"的牛奶发酵奶酪

绵羊

大西洋蓝鳍金枪鱼

非常名贵，极危保护物种，重量可达600多公斤

意大利是世界上消费面条最多的国家之一。有300多种不同的意面品种，通长面条很可能是最普通意大利的，也是最著名的。意大利菜中，最典型的调味料有番茄和罗勒叶。特级初榨橄榄油和罗勒叶。

西班牙

首都：马德里
人口：4662万
面积：505,925平方千米
官方语言：西班牙语（卡斯蒂利亚语）

受地中海美食的影响，西班牙菜具有丰富的传统特色。尤其在西班牙南部，因长期受到阿拉伯传统的影响，人们习惯在许多菜肴中添加藏红花、杏仁和蜂蜜。当地最重要的农作物为葡萄、柑橘和橄榄，西班牙因出口顶级橄榄油而闻名于世。塔帕斯是西班牙人餐桌上不可或缺的食物，外形小巧、使人垂涎欲滴，可用牙签取食。相比起我们，西班牙人开始晚餐的时间很晚（通常在21点左右）。

在西班牙西南部牧场里养殖着伊比利亚猪（黑毛猪），给它们喂食一种从橡树上落下来的橡子，用这种猪肉做出的香肠就叫"伊比利亚橡子火腿"，像黑猪肉一样，因稀有而显珍贵，所以闻名全世界。

西班牙烩饭（paella），这道瓦伦西亚风味菜原以米饭和肉类为主料，但现在使用的食材却是海鲜。最初牧民和农民为方便携带午餐而发明，使用与美食同名的平底锅烹制而成。

大西洋

天鹅绒蟹
甲壳动物，其爪像船桨，可快速向前行进

辣油
由橄榄油和辣椒炼制的调味料

坎塔布连海

藤壶
紧附在礁石上寄生，虽外观并不诱人，但味道特别鲜美

圣地亚哥-德孔波斯特拉古城
有名的宗教圣地，朝圣者们都步行前往朝觐

黑麦

大蒜
西班牙烹调中大蒜用法极为

章鱼

玉米

燕麦

小

圣地亚哥蛋糕
加利西亚地区特色蛋糕

西班牙腊肠
西班牙特色辣味猪

加利西亚炖章鱼
将章鱼、土豆丁加调料炖煮而成

烤乳羊
卡斯蒂利亚特色炭烤羔羊肉，味道鲜美、浓郁

鹰嘴豆
尤以佩德罗西略出产的鹰嘴豆最小

阿维拉

马德里乱炖
用新鲜肉类和鹰嘴豆烹煮而成

大鸨
长着长长的髭

原产地保护品种，切开后奶酪会冒出来，用勺子舀食

茴香甜面包
油炸面包圈，圣伊西德罗节的传统食品

恺撒蛋糕奶酪

白芸豆
粒大而扁，气微、味

塔帕斯
风靡西班牙的小吃，可搭配雪利酒和啤酒享用

伊比利亚黑猪
一种黑蹄猪

棕榈酱
需爬到棕榈树顶采摘棕榈果，来提炼这种果酱

草莓

公牛
不是斗牛专用，其肉质鲜美

柑橘
安达卢西亚地区盛产柑橘

马拉加葡

直布罗陀海峡

加纳利群岛

坎塔布连海凤尾鱼
坎塔布连海所产的凤尾鱼享誉世界

阿斯图里亚斯炖豆
阿斯图里亚斯特色炖菜，用白豆和猪肉炖煮而成

土豆煎蛋饼
将鸡蛋、土豆和洋葱混合煎炒，一般作为第二道菜

番茄面包
烤面包片上涂抹新鲜番茄与大蒜食用

桑格利亚汽酒
由当季水果和红葡萄酒调制的饮料

西班牙油条
即吉事果，油炸小甜点，可蘸热巧克力酱或加冰激凌吃

香蒜焖鳕鱼
用土豆泥、大蒜烹煎时，会发出"pil-pil"的声音

加泰罗尼亚焦糖奶冻
焦糖制成，常和松脆的糖饼干一起食用

加泰罗尼亚龙虾
将龙虾添加番茄、红洋葱等调味料烹制

欢蓝芝士
蓝纹奶酪。白色间杂蓝色条纹，味道辛辣

★ 巴斯克猪
唯一的西班牙本地猪种，现仍存活着

比利牛斯山脉

加泰罗尼亚香肠
猪肉香肠，常油煎或烤食

西班牙血肠
布尔戈斯出产的血肠最为知名

葡萄

绵羊

无花果

圣家族大教堂
建筑家安东尼奥·高迪的教堂杰作，虽未竣工，却已被联合国教科文组织评选为"世界遗产"

希洛卡河藏红花
西班牙藏红花是世界上最优品种之一

要数牛排和牛犊

杏仁

伊比利亚山脉

● 马德里

曼彻格奶酪
西班牙最出名的奶酪，由羊奶制造

荸荠
又名"马蹄"，有小块茎，味道特别像榛子

桃子

瓦伦西亚橙

巴利阿里群岛

巴利阿里海

螺纹面包
马略卡岛传统甜点，呈螺旋形状

橄榄

瓦伦西亚米
颗粒短小、颜色白净，适合做海鲜饭

向日葵

穆尔西亚辣椒粉
将当地辣椒碾磨后熏烤而成

海鲂

亚纳达阿尔罕布拉宫

特级初榨橄榄油
世界上近一半橄榄油产自西班牙，被誉为"世界橄榄油王国"

乌贼

龙虾

阿尔梅里亚
城市中有一座世界上最大的种植用的温室群

西班牙番茄冷汤
由番茄、面包、大蒜和橄榄油烹制

希约纳杏仁牛轧糖
传统圣诞甜点，由油杏仁、蛋白和蜂蜜制成

西班牙冷汤
安达卢西亚特色冷汤，由番茄、黄瓜等蔬菜制成

巴旦杏仁糖浆
由巴旦杏仁、荸荠粉加水和糖调制的夏日饮品

辣汁土豆
用平底锅加油将土豆烤熟，加辣椒酱调味

虎虾

葡萄牙

- 首都：里斯本
- 人口：1036万
- 面积：92,152平方千米
- 官方语言：葡萄牙语

葡萄牙菜长期受到了葡萄牙殖民地传统的影响，这在调料的使用上有所体现，比如多用肉桂。主要经济作物为葡萄树，葡萄牙酿制的名贵葡萄酒，出口到全球各地。葡萄牙人餐桌上离不开海鲜，当地的鱼种类繁多，最上等的当属鳕鱼，可用鳕鱼做出十多种不同的菜式。

葡式三明治
美味厚实的分层面包，夹着牛肉、香肠、奶酪，有时会盖个煎蛋

绿菜汤
由土豆、熏肉肠和葡甘蓝烹饪而成

葡式蛋挞
酥软的奶油酥皮点心，表面有薄薄一层肉桂粉或焦糖

布拉斯式鳕鱼
由鳕鱼干、鸡蛋、洋葱、土豆和黑橄榄烹制而成

波特酒
烈性红葡萄酒，味甜

肉牛

橄榄的种植遍及葡萄牙全国

米兰德拉香肠
类似马蹄铁形状的传统香肠

阿维罗软鸡蛋
由蛋黄和糖制成的甜点

葡萄

山羊豆属卷心菜
菜质很柔软

绵羊

埃什特雷拉山脉奶酪
由本地绵羊奶制成，公认为最优质的葡萄牙传统奶酪

黑旗鱼

大西洋

莱巴卡尔奶酪
由山羊奶和绵羊奶制成

黄瓜
这种黄瓜特别小巧可爱

稻米
通常煮熟，搭配菜食用

迷迭香

在葡萄牙烹调中应用很广泛

芫荽（即香菜）

鳕鱼球
油炸鳕鱼球

奶油土豆焗鳕鱼
由鳕鱼干、奶油、土豆、洋葱和黑橄榄混合烤制而成

葡萄牙烩菜
由土豆、蔬菜和香料混合炖煮而成

亚速尔群岛

菠萝

金枪鱼

罗卡角
葡萄牙境内毗邻大西洋的海角，整个欧亚大陆的最西点

里斯本

贝伦塔

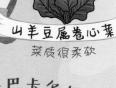

霹雳辣椒酱
在当地很受欢迎

月桂树

阿连特茹葡萄酒
阿连特茹产的葡萄酒非常出名。当地软木森林中还出产葡萄酒瓶用的软木塞

什锦吐司
超火腿和奶酪烤制，淋上黄油，夹入面包中食用

番茄

唇萼薄荷
叶子较小，气味清香

埃尔瓦什李子
可糖煮或放干食用

章鱼

杏仁
各种甜点加工中都常用到杏仁

梨

米饭布丁
由大米、白糖、鸡蛋、牛奶、肉桂制成，味甜

蛋黄丝
由蛋黄和白糖制成的丝状甜品

海鲜饭

甘蔗

葡萄牙无花果
长形水果，果实香甜

苹果

农家土豆烧章鱼
先将章鱼在锅中煮熟，再烤食

将米饭加入海鲜、香料一起煮食

马德拉群岛

香蕉

橙子

角豆
从其果实中可提炼出面粉

小麦

凤尾鱼

沙丁鱼

烤沙丁鱼
将沙丁鱼放在烤架上烤食

海鲜铜锅
非常丰盛的海鲜炖菜，Cataplana是葡萄牙传统的铜锅，专用来炖鱼和海鲜

果仁蜜酥饼

名巴克拉瓦。由薄酥分层烤制而成，夹有碎分层烤制而成，夹有碎果，再浇上糖浆或蜂蜜

穆萨卡

又称希腊茄盒。底层和隔层为茄子切片，将羊羔肉、茄子等分层叠上，加奶酪和番茄烹调

菠菜派

薄薄的酥皮，内馅多为羊乳酪、菠菜及其他蔬菜

皮塔派

形似"小口袋"。将猪肉串在烤肉扦上烤熟，边垂直旋转，边把肉削成小长条，装进小口袋

多尔玛德斯

希腊式粽子，用葡萄树叶包裹米饭和肉后水煮

蜜制圈饼

油炸球状圈饼，用蜂蜜或糖浆浸泡后，再撒上杏仁和肉桂粉

乌佐酒

希腊茴香酒，最好的开胃酒之一，有独特的茴香味道，希腊人饮用时常加入水或冰

希腊沙拉

希腊人餐桌上不可缺，由番茄、黄瓜和青椒添加橄榄油调制

希腊式千层面

由通心粉加奶酪和鸡蛋制成，夹有羊肉、番茄或洋葱等

酸奶拌黄瓜

典型希腊菜，由酸奶、黄瓜和大蒜调制的新鲜沙拉

皮塔饼

扁实而松软的小麦面包

烤肉串

希腊国菜：细长的烤肉串或烤鱼肉串

希腊酸奶

非常浓稠，食用时常加下蜂蜜使味道变甜

蔬菜烧卖

将米饭、肉末和洋葱塞入蔬菜后烤熟

鱼子酱沙拉

可做拼盘或开胃菜，非常受当地人欢迎

普雷斯帕湖白豆

大麦

山羊

小麦

公羊

玉米

卡拉萨托章鱼

用卡拉萨托红酒炖章鱼，加番茄、洋葱、蔬菜和香料调味

科扎尼藏红花

金红色，是最好的藏红花之一

无花果

薄荷

在希腊是爱情的象征

爱琴海

利姆诺斯奶酪

绵羊奶酪，产自利姆诺斯岛，"KALATHAKI"是晾干奶酪的小筐

希腊冰咖啡

由速溶咖啡加奶、糖和冰调制

猫薄荷

味清香，闻着既像牛至草，又似薄荷

橙子

甜菜

羊

菲达羊乳酪

享誉世界。出产奶酪的羊，其羊毛特别白

松香味葡萄酒

白葡萄酒，发酵时加入一点儿松香

希俄斯岛橘子

乳香

神秘的希俄斯岛南端长满了乳香木，可提取珍贵乳香

帕特农神庙

番茄

金橘

在科孚岛种植，原产地为中国

黑柯林托

原产于地中海东部的红葡萄品种

橄榄油

杏仁

开心果

爱琴娜岛市产的开心果在全世界享有盛名

百里香蜂蜜

据说伊米拖斯山出产的蜂蜜是最优品种之一

雅典

炸鱿鱼圈

油炸鱿鱼圈

爱奥尼亚海

虾

卡拉马塔橄榄

黑橄榄，个头很大

萨科尼基茄子

表面有细长条纹，味美香甜

白茄子

圣托里尼岛特产

纳克索斯土豆

圣托里尼蚕豆

开齐拉奏瑞奶酪

用干酪粉制成，是最好的硬干酪

🏛 首都：雅典　　📐 面积：131,957平方千米

👫 人口：1079万　　🗣 官方语言：希腊语

海鲜是希腊菜的基础食材，尤其是希腊绵长的海岸线盛产各种鱼类，烤鱼搭配传统的皮塔饼一起食用，别具风味。内陆地区居民经常食用肉类（多为羊肉），配菜有奶酪和新鲜蔬菜制成的沙拉，浇上橄榄油、蜂蜜和酸奶一起享用，酸奶也是希腊的主要产品。用餐时是希腊人生活中最重要的欢聚时刻，他们喜欢在餐桌上花费很长的时间来享受美食。

希腊

克里特岛白藓

小叶子上长满绒毛，可作药用

克里特海

葡萄干

希腊是世界上葡萄干第一出口国

格拉维拉奶酪

硬绵羊奶酪

鱿鱼

地中海

剑鱼

章鱼

鲷鱼

嗜拉海

俄罗斯、土耳其、哈萨克斯坦等国都横跨欧亚两大洲，这些国家的某些地区位于欧洲

俄罗斯 ➤➤

俄罗斯是世界上面积最大的国家，其国土面积约为美国的两倍

土豆

灰山鹑

甜菜

巴什基尔蜂

向日葵

莳萝

天山山脉间的盆地和谷地，是现栽所有苹果树的起源地

哈萨克斯坦

雪豹

蒙古

格鲁吉亚

亚美尼亚

阿塞拜疆

黑海

乌兹别克斯坦

吉尔吉斯斯坦

苹果

枸杞

大白

椰枣

土耳其

小麦

土库曼斯坦

桑葚

塔吉克斯坦

中国

生姜

牦牛

竹子

柚子

塞浦路斯

黎巴嫩

巴勒斯坦

以色列

叙利亚

伊拉克

约旦

伊朗

科威特

阿富汗

巴基斯坦

藏红花

克什米尔

中国柑橘

石榴

巴林

卡塔尔

沙特阿拉伯

也门

阿曼

阿拉伯联合酋长国

尼泊尔

不丹

柠檬

槟榔

缅甸

阿拉伯海

印度

孟加拉国

老挝

泰国

柬埔寨

越南

稻米

阿方索芒果

孟加拉湾

马尔代夫

斯里兰卡

杨桃

马来西亚

新加坡

竹鲨

它在海里穿过珊瑚礁的间隙时，似是借助鳍来向前"行走"而不是游泳

印度洋

印度尼西亚

红毛丹

东西伯利亚海

红鲑鱼

马拉赤鹿

驯鹿

能抵御最寒冷的温度，甚至可在零度以下生长

西伯利亚蓝莓

皮罗维克蘑菇

鄂霍次克海

太平洋

雏鸡

堪察加蟹

巨型水母

日本

朝鲜

韩国

富士苹果

亚洲

大揭秘

海苔

宾

甘蔗

看汉

稻米是大多数亚洲人的主要食物，其中印度香米香味浓郁，产自位于印度和巴基斯坦之间的喜马拉雅地区，经清澈的山间溪水浇灌后，大米的颗粒散发出独有的美味芳香。

胡椒——被称为神奇而名贵的"东方香料"，昔日，通过海上的"香料之路"被运往欧洲。其地位曾堪比黄金，在无制冷设备的年代，其果实可用来保存食物。

在亚洲烹调中常会用到各种特殊酱汁和调味品。这些酱汁中最著名的就是酱油，是将大豆经发酵后提取的，曾被用来保存食物。亚洲人烹调时还会用到味霖（一种日本甜味料酒）、米醋和鱼露（将小鱼虾发酵、熬炼后制成的调味品）。

俄罗斯

- 首都：莫斯科
- 人口：14,422万
- 面积：17,075,400平方千米
- 官方语言：俄语

谷物和蔬菜，特别是土豆、甜菜和卷心菜，是这个战斗民族的主要食物组成。俄罗斯人通常习惯准备一锅热气腾腾的汤，在里面加几勺"斯美塔那"酸奶油调味。白天，为了取暖，许多俄罗斯人喜欢喝一杯黑茶，同时往嘴里放一小块方糖，感受其慢慢融化。

香菜籽黑麦面包

巧克力色的黑麦面包，在俄罗斯非常受欢迎

热蜜水

添加了蜂蜜和香料的抗寒饮料

自海水中蒸发出来，再结晶制成

波莫尔卡海盐

胡瓜鱼

圣彼得堡有以这种鱼命名的节日"胡瓜鱼节"。该鱼又名"沙星鱼"

巴伦支海

喀拉海

蜂蜜酒

桦树蜜、椴花蜜、葡萄干加水稀释发酵后制成的低度酒

圣瓦西里大教堂

俄罗斯飞地

沃洛格达黄油

相传一位俄罗斯贵族从法国引进了制造黄油的技术，因此有了这种黄油

欧洲和亚洲的分界线

罗曼诺夫羊

欧洲 / 亚洲

乌拉尔山脉

落叶松 / 白桦

莫斯科

花楸

土豆

俄罗斯种植有200多种土豆

俄罗斯是世界上谷物的主要生产国之一

野荚蒾

霍尔莫戈雷鹅

这种鹅前额长有肉瘤

甜菜

伏尔加河

谷物

巴什基尔蜂

生活在乌拉尔山脉，其所属地为巴什基尔共和国，自古就是俄罗斯最重要的蜂蜜产地

黑海

欧洲鲟鱼

鱼身长度可达8米，鱼肉非常名贵

葡萄

黄瓜

这种鸡体型较大，具有很强的啼叫能力

优洛夫鸡

向日葵

向日葵籽可用于哈尔瓦糕，这种甜食可与面包

闪光鲟

里海

鲟鱼子

世界上最贵的食品之一，由最稀有的白鲸鲟鱼卵加工而成

每逢节日，尤其是圣诞节期间，每家都会食用一种圆形松脆的薄煎饼。在平安夜，许多俄罗斯家庭会聚在一起仰望夜空，等待夜晚第一颗星星的出现。然后围聚桌边品尝酸奶油和鱼子酱。

俄式大餐中最具有代表性的菜肴之一是俄式红菜汤（即罗宋汤），这是一道独具俄罗斯风味的浓汤，由甜菜熬煮，用酸奶油调味。根据不同季节，冷热皆可食用。

甘蓝

格瓦斯蔬菜

冷蔬菜汤，瓦斯朵河

俄罗斯红菜汤

俄罗斯传统的卷心菜汤

格瓦斯

用面包发酵酿制而成

奶酪派

夹有鲜奶酪的甜点

特沃劳格软酪

新鲜奶酪，在其他国家被称为"夸克"奶酪

荞麦粥

用荞麦或其他谷物熬制而成

伏特加酒

从土豆和谷物中提取的蒸馏酒，在非常寒冷的时候饮用，通常在晚饭过后喝一小杯

莱西伯利亚海

这里有地球上最冷的地区

灰鲸

驯鹿

由在西伯利亚的楚克奇人养殖的动物

马拉赤鹿

西伯利亚大鹿

灰山鹑

肉食鲜美，很受人喜爱

蔓越橘

其果肉可以制作果酱和果汁

驼鹿

当地存活着最多的野生驼鹿种群

西伯利亚蓝莓

有扁长型的果实

堪称"蟹王"，体型巨大，重量可达10千克

堪察加蟹

白令海峡

中西伯利亚高原

辣根

"马萝卜"或"克愣"味道微辣

红豆越橘

波罗维克蘑菇

一种稀有蘑菇，可晒干食用

堪察加鲑鱼

鄂霍次克海

太平洋

横贯俄罗斯东西，是世界上最长的铁路

西伯利亚大铁路

酸模

该植物味道微苦、很脆，叶子很密

牦牛奶酪

活在游牧牧场的野牛的奶中提炼而成

贝加尔湖

樱桃

生长在贝加尔湖畔的野生植物；经晾晒后可制成粉，供做甜点使用

雉鸡

即野鸡。体型巨大的鸟类，原产于俄罗斯东南部

西伯利亚鲟

蔬菜肉汤

番茄肉汤或鱼汤

鱼馅烤饼

馅料为鱼肉和米饭的馅饼

奥利维耶沙拉

又名"俄国沙拉"，由蔬菜、大蒜和蛋黄酱搅拌而成

俄国饺子

俄罗斯家庭的冰箱里常保存着这种食品

阿尔泰熏肉

自西伯利亚南部，用牛肉或鹿肉制成

白面包

微甜的白面包

茶

俄罗斯人用专门的茶壶"萨莫瓦尔"来饮茶，搭配甜味或咸味的茶点一起享用

斯特罗加诺夫牛肉

由小块牛肉拌上酸奶油烹调而成

辣根酱

由马萝卜、番茄和大蒜制成的酱

"貂皮大衣的鲱鱼"

圣诞节期间，俄罗斯人会在做好的鲱鱼上覆盖一层色彩艳丽的调味料（有甜菜、土豆等）

斯美塔娜酸奶油

很有特色的名点之一，在很多菜肴中使用

鱼肉馅饼

饼形小蛋糕，多为鱼肉夹馅

黎巴嫩

📍 首都：贝鲁特
👪 人口：462万
🦪 面积：10,452平方千米
🦐 官方语言：阿拉伯语

黎巴嫩菜可以算是中东美食的代表。食材丰富，有蔬菜、豆子和谷物，制作方法简单，味道鲜美可口。绵长的海岸线盛产各种鱼类，可品尝到用炭烤或烘烤方式加工的鱼；而在内陆地区，肉类很受欢迎，尤其是羊肉。当地人在用餐前有邀请客人品尝开胃小吃的习惯，被称为餐前冷盘，品种多样。

炸羊肉丸子
将羊肉末与洋葱、香料及硬小麦混合，经油炸后制成

茄泥酱
将清香的茄子捣成泥状，拌着芝麻酱食用

芝麻
芝麻糊酱

青铜石斑鱼

干小麦片
小块小麦面片，是一种典型的配菜

阿拉伯蔬菜沙拉
由烤制或油炸的小块面包、蔬菜和柠檬汁制成的配菜

甬豆
果实香甜，使人联想起巧克力的味道

杏

漆树粉
由漆树的果实晾干后得到的红色香料，味道似柠檬

黎巴嫩雪松
这种树是黎巴嫩的象征，在国旗上也可以看到它的图案

章鱼

鹰嘴豆
从中可提取一种美味的油

金枪鱼

地中海

山羊

黎巴嫩山

蚕豆

黎巴嫩小麦
最古老的小麦之一，可用于制作面包或黎巴嫩小米

扁豆

大麦

黎巴嫩薄饼
这种小吃在地中海很流行，薄薄的面饼类似黎巴嫩版的披萨

樱桃

尾巴很肥，因为那里可以积蓄它所需要的脂肪

海鲷

石榴

无花果
黎巴嫩人常将无花果晾干后食用

肥尾羊

葡萄
黎巴嫩出产的葡萄酒质量上乘

糖蜜
主要从角豆树和石榴两种树上提取：第一种常用作增甜剂，第二种则用来给肉调味

餐前冷盘
开胃小菜的统称，品种丰富，正菜前享用

果实生长在棕榈树上，可用来制作甜点，也可制糖

椰枣

烤麦粒
采摘未成熟的青嫩麦粒，再将其烤制

香瓜

用茄子可以做出许多美味菜肴

茄子

这儿有世界上最长寿的橄榄树

霍姆斯酱
用鹰嘴豆和芝麻酱、大蒜及柠檬制成。是中东各个国家很流行的配菜

海鲜烩饭
由鱼和米饭烹制而成，常搭配鱼汤、洋葱和香料食用

扁叶荷兰芹沙拉
由黎巴嫩小米、洋葱、番茄、薄荷和欧芹调制而成

亚力酒
又名"狮子奶"，这种烈酒带有浓浓的茴香味

柑橘

穷人奶酪
名为"穷人奶酪"，是因用不起牛奶，只能用醪糟来酿制这种奶酪

浓缩酸奶
早餐时食用，味道清新可口。可以抹食，也可搭配橄榄油一起吃

扁豆饭
将小扁豆、麦子或粳米以及洋葱混合烹制而成

肉汤面
短粗面条加入香料，用蒸汽蒸熟，搭配鸡肉、羊肉和腌制的洋葱一起食用

扎阿塔尔香料
混合香料，主要由芝麻、百里香和盐制成

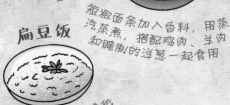

玫瑰奶布丁
由牛奶制成，表面撒些杏仁和开心果

土耳其

面积：783,600平方千米
官方语言：土耳其语
首都：安卡拉
人口：7874万

土耳其菜由奥斯曼土耳其帝国的菜系演变而来，融合了欧洲、地中海和亚洲的烹调的传统特色。最流行的是土耳其旋转烤肉，在面包里填入一片片肉、蔬菜，浇上酸奶或番茄汁食用。本地鱼型的待客礼节是请客人喝土耳其红茶（土耳其语叫作"cay"，读音很像中文的"茶"），先用开水冲泡茶叶，再把茶水倒入传统的郁金香杯子中饮用。

茶
土耳其茶，用特色双层茶壶浸制

内里阿梅茄子
茄子油炸，填塞入番茄、肉末、大蒜和欧芹烹煮。

芝麻圈
调味用的芝麻酱

土耳其咖啡
味道浓郁，独特。用长柄土耳其咖啡壶蒸煮，再倒入小杯中饮用

土耳其比萨
饼皮烘烤时，较长、细长，似船型

酸奶汤
冷小麦，酸奶打制成面糊，可加水冲泡成的食用的汤

巴拉瓦
由牛奶、石榴、玉米淀粉和小麦粉制成的酥脆快点心

土耳其软糖
散发着玫瑰香味的味糖果

土耳其旋转烤肉
将3种不同的肉（羊肉、鸡肉、牛肉）串在一起烤制

土豆

杏仁
果完坚硬而著名。时果完会自然脱干

鹰嘴豆

黑胡椒

欧洲盘羊
可以推测是家养绵羊的祖先之一

开心果
成串生长在落叶树上，成熟时果完会自然脱落

茶叶
里泽市的海滨茶地区种植着黑茶

漆树
其果突需要晒干，因为在新鲜的状态下，果实是有毒的。据说由原始的社会起，安纳托利亚的居民，就已开始种植大麦和小麦

酸奶
作为土耳其采的基本配料，可用来制作一种名为"Ayran"（土耳其酸奶）的饮品，它可以加水和盐饮用

兰茎粉
从兰花的块茎中提取料取出来，可用来制作冷饮

马尔法烤肉串
烤嫩羊肉串，和阿拉纳特色烤肉串齐名

多层薄饼
圆形或成方形的煎饼，由奶路、蔬菜就成羊肉末填馅食用

土耳其薄酥皮
扁平的面饼，一绳深的分层深深中

果仁蜜酥饼
又名巴巴拉拉斯，由糖、果浆试着蜂蜜混合开烘点制成熟的分层世代

干腌肉片
风干牛肉

玫瑰水
在土耳其面包就已经常用到

黑海

黑海凤尾鱼

西郥兹小麦 (Siyez)
现存最古老的小麦

扁豆
据记载，它是最早由人类种植的豆类菜

帝弗勒（Divle），山洞奶酪
传统为的山羊奶工酪就或干奶酪，由羊皮袋包囊储藏在一个很深的山洞中

樱桃
土耳其是樱桃的主要生产国之一

青鱼
伊斯坦布尔有五种长序不同的青鱼品种

安卡拉

稻米
土耳其菜中最常见的蔬菜之一

樱桃李
类野生樱桃，从果核可提炼一种名为"马哈利"的各料

杏

香蕉

石榴

海鲈鱼

葡萄
新鲜的无花果任在这儿就可以摘到，而采摘的无花果以在太阳下晒干后食用

橄榄

土耳其那无花果

茄子

橙子

橘子

沙丁鱼

地中海

中国

🇨🇳

📍 首都：北京

人口：139,915万

面积：约960万平方千米，领海约470万平方千米

官方语言：汉语

中餐，是世界上最古老的烹调之一，具有很强的地域性。在南方，大多数人以米饭为主食；而北方人则喜食小麦、玉米和高粱。沿海地区拥有丰富的鱼类资源；在西藏或内蒙古等内陆地区，人们喜欢食用肉类。中餐会经常用到各种调料。中国人会用筷子和小勺来享用菜肴，而不使用刀叉，因为菜品在炒制之前都已切好。

豆瓣酱

用发酵的豆子制成，中餐烹饪中最常见的配料

葱油饼

面团撒上小葱、刷上油，绕卷并压平后烙制而成

春卷
米质春卷皮包裹蔬菜和肉馅，油炸后脆香可口

酱油

从发酵的大豆中提，是中式烹调的基础

面条

中式面条，可由稻米、小麦或者用其他面粉制成

豆腐

中国人发明，用各种豆类制成，现已传至世界各地

北京烤鸭
世界上最有名的中国菜，在鸭子身上涂会糖浆，用果木明火

饺子

多为肉馅或蔬菜馅，可用笼屉蒸熟或用锅煮熟

龙井茶

最昂贵的中国绿茶，尤以种植在杭州西湖附近的"西湖龙井"为最佳

养殖这珍中国本土鸭子，是为了满足肉或蛋的食用

大米

是稻谷经清理、砻谷碾米、成品整理等工序后制成的成品。

馒头和窝窝头

由小麦、玉米或其他谷物磨的粉制成，用笼屉蒸熟

新疆绿葡萄干
利用荫房的热风自然荫干而成

新疆吐鲁番出产的葡萄干占全中国首位

葡萄干

哈密瓜
一类优良甜瓜品种，呈椭圆形，新疆的特产之一

戈壁沙漠

塔克拉玛干沙漠
中国最大的沙漠，也是世界上第十大沙漠

源于中国的水果，被认为是长寿的象征

杏

土豆

竹子
竹笋不仅是人类美食品，也是熊猫的

桃子

枸杞
又名"长寿果"，营养丰富，也可做调味料

糌粑
将青稞晒干、炒熟，和酥油搅拌，冲入茶水食用

红枣
中国著名食品，果实成熟后味道非常甜

喜马拉雅山脉

火锅

在餐桌中间放置一口加满鲜汤的锅，将肉类、蔬菜、蘑菇、豆腐、饺子及海鲜浸泡在里面烹煮

牦牛奶酪 ★
当牦牛奶挤出后，用大铜锅将奶煮制而成

四川花椒
辛香刺鼻，和黑胡椒截然不同

黄皮
果实成串长在树上，类似荔

又名"金橘"或"幸运橘"，橘皮也可食用

牦牛

生活在青藏高原的珍稀牛种

馄饨

形似饺子，薄面皮、有肉和虾仁等馅，上有褶皱

年糕

糯米做成的传统甜点，在中国春节食用

松花蛋

中国传统风味蛋制品，经特殊方式加工而成，口感鲜滑爽口

榨菜

将芥菜茎盐腌、晾干，加入红辣椒，封口存放、发酵而成

中国柑橘

山药
块茎与甘薯类似

猪

麻婆豆腐

极受欢迎的辣炒豆腐，鲜辣味美

芝麻油

味道浓郁，气味清香，可直接食用或做调味用

粽子
用粽叶内包裹糯米或其他食材而成

狮子

将猪肋肉剁碎后做成大丸子，经过炖煮后食用

将各种香料研磨成
粉末混合，广泛运用
在传统烹调中

五香粉

海茄
之所以这样称呼，是因为
它会让人联想到人参

木耳
这种真菌呈卷曲的耳状，
通常以干燥的状态出售

大豆
原产自东北，已有
近千年的种植历史

小麦

桑叶
蚕吃这种叶子

人参

中国长城

大白菜

工程量之大，举世无双
世界上最长的军事设施，
是世界中古七大奇迹之一

北京

渤海

苹果
国是世界上最大的
苹果消费国

黄海

梨

玉米

核桃

姜
中国，味道辛辣

荸荠
多年生宿根性草本植物，
味甘美，也可药用

龙脊梯田
梯田是丘陵山坡上修筑
的条状阶台式或波浪式
农田。该梯田位于广西
龙脊镇平安村龙脊山

八角
呈8~12个夹角的
对健康有益

荔枝
源自中国，白色果肉柔
软而清香，味道甘甜

莲花
花朵特别美丽，从花
到藕整个都可食用

海南岛

南海

稻米原产于中国，
已有数千年的种
植史。中国以稻米
为主食，是世界上消
费稻米最多的国家。
中国人善于利用发酵
技术酿制白酒或其
他饮品，常作为节庆
佳宴的主要组成
部分。

中国是最早将茶作为
饮品的国家。中国出
产六种茶：白茶、绿茶、
黄茶、红茶、黑茶和乌
龙茶。最受欢迎的
是绿茶，吃饭时也
会饮用，冲泡茶叶
也有独特的方法和
艺术。

蓝蟹

上海大闸蟹
淡水蟹，用蒸笼清蒸的蟹
最经典，很受人们喜爱

东海
钓鱼岛 赤尾屿

巨型水母，重量可达200
千克，长度可达3米

野村水母

台湾岛

东沙群岛

西沙群岛

黄岩岛

中沙群岛

南

南沙群岛

海

曾母暗沙

南海诸岛

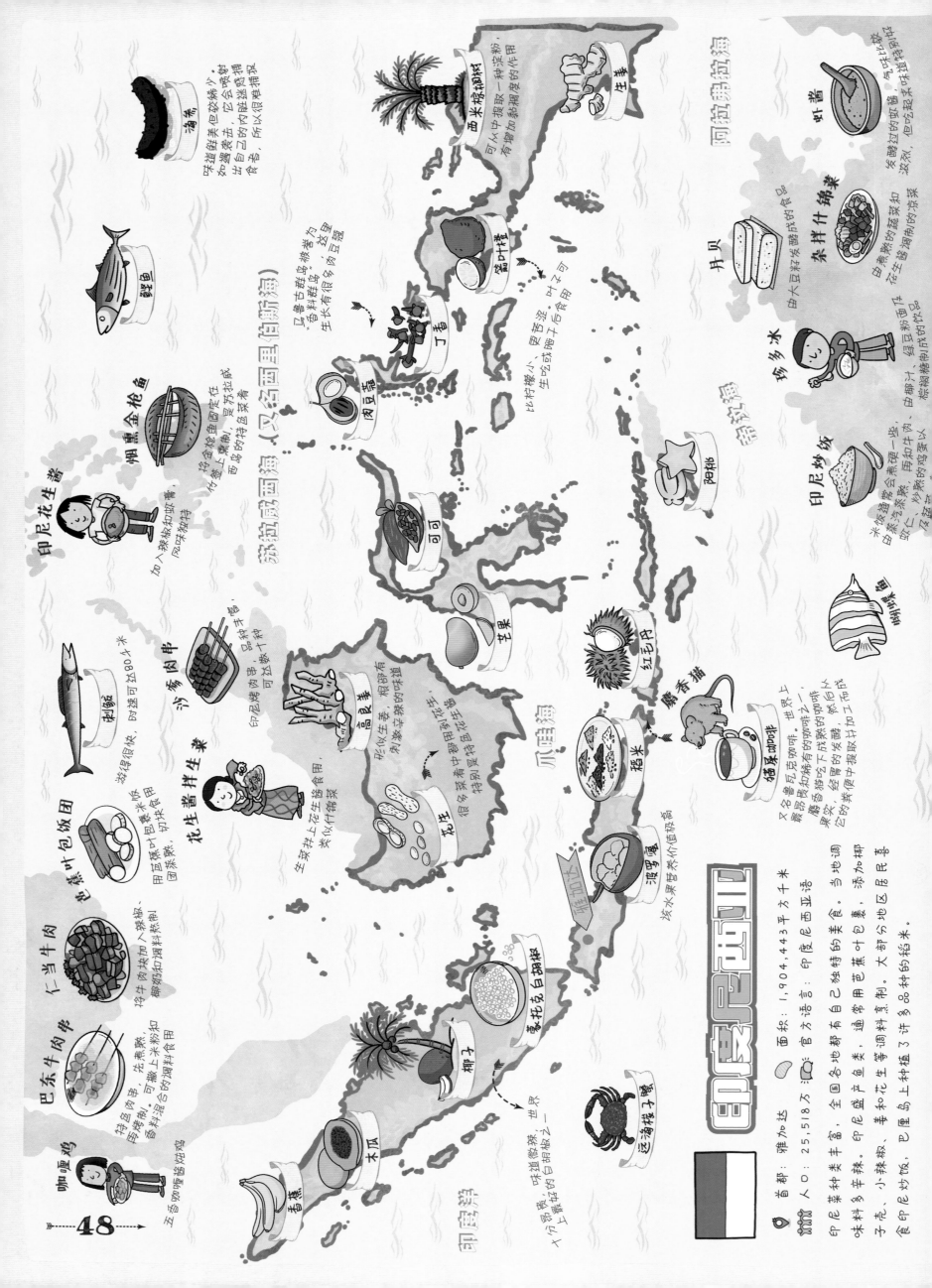

鱼丸
将黑鲷鱼在姜黄里腌制后，搭配时萝和花生食用

绿茶
越南国饮，北部居民喜喝热茶，而南部地区多喝加冰的凉茶

玉米

越南河内文庙

越南三明治
类似法棍面包，中间夹肉和生菜

越南
★
首都：河内
人口：9171万
面积：约320,000平方千米
官方语言：越南语

越南菜被认为是世界上最美味的食物之一，味道特别鲜美。主要食材有米饭、鱼、鸡肉、牛肉及蔬菜；基本调料为鱼露，味道或辣或甜。越南美食和数字"5"紧密相连：每一道菜应该具有5种味道、5种营养成分和5个颜色。

河粉
越南国菜，用米粉煮成的汤，最受欢迎的是牛肉河粉

木薯

沙葛
虽然外形不过喜，但在河内菜中经常使用

河内

桂圆
又名"龙眼"，去皮后，可以透过果肉看到里面的深色果核

烤猪肉春卷
粉皮包裹烤猪肉、生菜叶等制成

越南春卷
用米粉皮包裹肉、鱼和蔬菜的内馅制成，可油炸食用

荔枝

香蕉

甘薯

鱼露
鱼酱油，在越南本地菜中经常用到

米粉

会安米粉
一种浓汤粉

甜汤
字面含义就是：甜味的汤

彩色米粉（黄色或红色）可拌入猪肉、虾、芭蕉花和花生食用

水菠菜
在越南被称为"通心菜"生长在沼泽地带

玫红蛤蜊

甘蔗虾
鲜虾去壳、刷碎做成虾胶，裹在甘蔗枝上，油炸而成

越南咖啡
由炼乳和已过滤的咖啡制成的热饮

蛇酒
在米酒里浸泡一条毒蛇，还会用其他生物泡酒，比如放一只蝎子

顺化牛肉面
由米面和肉煮成的辣汤面

越南是世界上第二大咖啡生产地

咖啡豆

西贡肉桂

黑胡椒

火龙果
有红色或白色果肉，可用刀把水果切开，然后用勺舀果肉吃

牛油果

芒果

南方形粽
用粽叶把糯米包成方形的团

越南煎饼
用大米和椰奶制成的薄饼，中间夹有猪肉脯和虾仁

罗望子酸汤
用菠萝、番茄和罗望子熬制的鱼汤

木瓜沙拉
青木瓜沙拉

又名"chom chom"意思是"丢茸茸之物"

红毛丹

榴莲
世界上最臭的水果

汤圆
用米发酵后做成的汤圆

甘蔗

猪

柚子

鸡
科钦种鸡

越南香菜

腰果

甲壳动物

象耳鱼
蝴蝶鱼的近亲

木瓜

稻米

越南是世界上主要的稻米生产国之一

菠萝

巴沙鱼

湄公河

49

泰国

首都：曼谷
人口：6724万
面积：513,115平方千米
官方语言：泰语

正如亚洲各国的饮食那样，泰国也以稻米为主要食物，泰国永远是经常和香料、椰子奶。泰国菜其实现了五味之间的相互平衡：酸、甜、苦、辣和咸。从不用碗与勺子和鱼和小辣椒一起烹调，因水烹调时食物已被切成小块。餐桌上只摆放叉子和勺子，因此泰国人经常在外面吃午餐或晚餐。在外面吃饭价格很便宜，水果是爱好者的天堂。

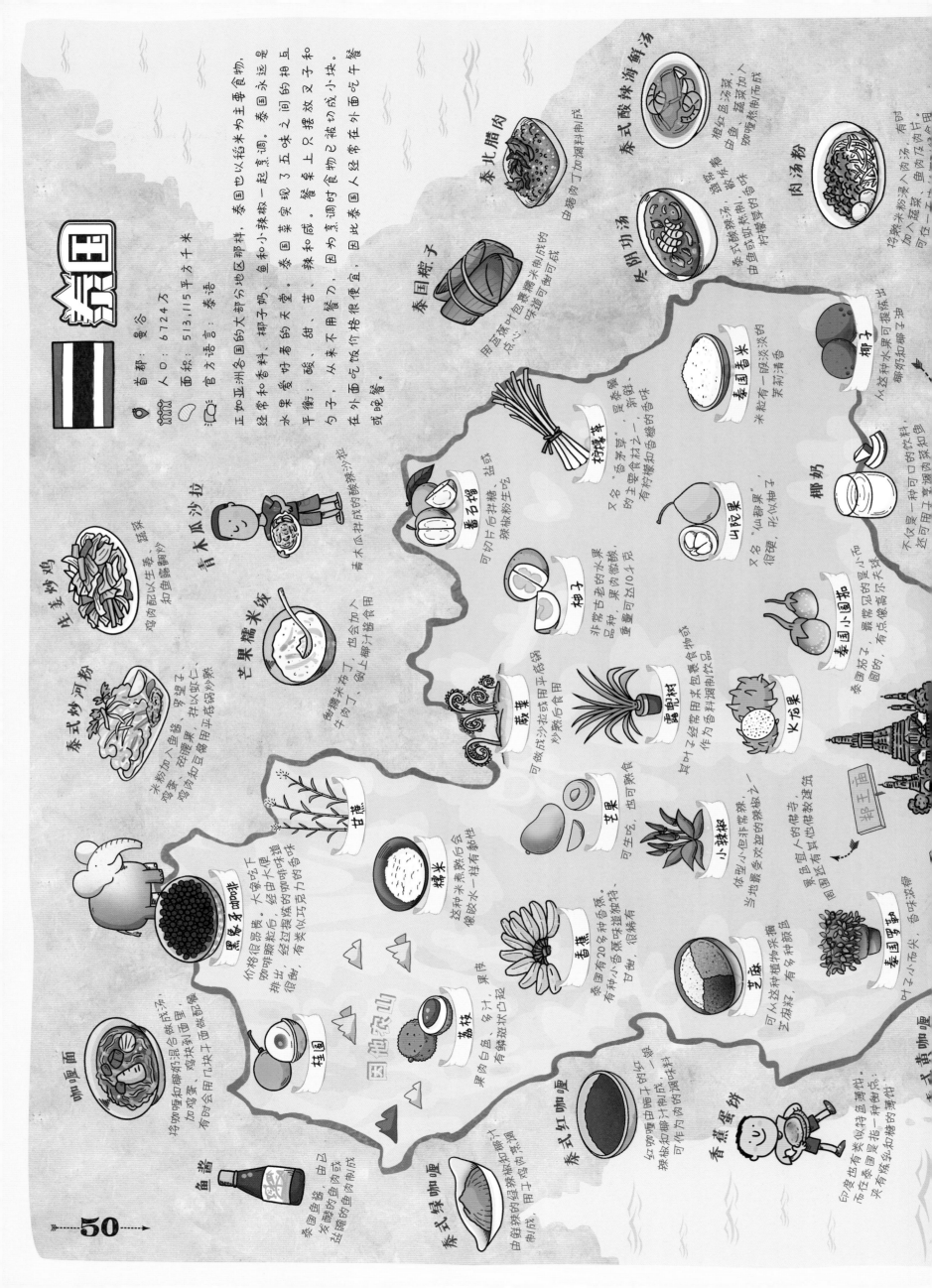

泰北腊肉
由猪肉丁加调料制成

泰国粽子
用香蕉叶包裹糯米烹炸而成的
点心。味道可甜可咸

泰式酸辣海鲜汤
橙红色汤菜。
由咖喱加入蔬菜加成
咖喱煮熟而成

佐阴功汤
泰式酸辣汤，口感鲜、酸。
由虾或鱼肉制成，常有香茅、
柠檬等加入的酸辣味

肉汤粉
将熟制米粉浸入肉汤，
可放入猪肉或鱼肉及肉片。

柠檬草
又名"香茅草"，是新鲜的
的主要食材之一，
有柠檬和香橙的香味

泰国香米
米粒有一股淡淡的
茉莉花清香

椰子
从这种水果可提炼出
椰奶和椰子油

蛋名榴
可切片后拌糖、
盐拌椒粉生吃

山竹果
又名"仙都果"，
很硬，形似柚子

柚子
非常古老的水果
品种，果肉微酸，
重量可达10斤

椰奶
不仅是一种可口的饮料，
还可用于普通肉菜和炖鱼

露兜树
其叶子经常用来包裹食物式
作为香料调制饮品

泰国小圆茄
泰国茄子，最常见的是小而
圆的，有点像高尔夫球

火龙果

蔗莱
可晒成沙拉或食用平底锅
炒熟后食用

芒果
可生吃，也可熟食

小辣椒
体型小但非常辣。
当地最受欢迎的辣椒之一

生姜炒鸡
鸡肉配以生姜、蔬菜
和鱼露翻炒

青木瓜沙拉
青木瓜拌制成的酸辣沙拉

泰式炒河粉
米粉加入鱼露、鸡蛋、罗望子、
鸡肉、碎腰果，拌以虾仁和
鸡肉和豆腐用平底锅炒熟

芒果糯米饭
咖喱糯米布丁，倒入牛肉丁，也会加入
牛肉布丁，倒上椰汁酱汁食用

甘蔗

糯米
这种米煮熟后会
像胶水一样有黏性

香蕉
泰国有20多种香蕉，
有各种小香蕉味道被独特
甘甜，很稀有

芝麻
可从这种植物采摘
芝麻籽，有多种颜色

泰国罗勒
叶子小，香味很浓郁

黑豹多咖啡
你价格很昂贵，大象吃下
咖啡的果实后，经由大便
排出，经过提炼的咖啡粉粒
很贵，有类似巧克力的香气

桂圆
果肉白色，有黑斑状凸起

荔枝
果肉白色、多汁，果体
有鳞排状的凸起

咖喱面
将咖喱和椰奶混合炖成汤，
加入鸡蛋、鸡肉倒到面里，
有时会用几块干面条配搭

图池恐山

鱼酱
泰国鱼露酱。由已
发酵的鱼肉制成，
盐腌的鱼肉制制而成

泰式绿咖喱
由鲜辣的绿咖喱制成，
辣椒和椰汁制成的调味料

泰式红咖喱
红咖喱做成特色薄饼，
辣椒和椰汁制成的红色
可作为肉类的调味料

香蕉堡饼
印度也有类似的特色薄饼。
而在泰国是指一种薄饼，
采用炼乳和白糖的薄饼

泰式黄咖喱

加了焦糖的花种辣奶茶

酱油

虾干

是很名泰国菜的配料

在许多泰国菜中都会用到这种菜料

咖喱鱼糕

泰式炒饭

主要有3种配料，分别是猪肉、鸡肉和虾仁，有时也会加入蔬菜粉

辣度在中印度，但保留了泰国菜的味道

烙鱼肉串成泥状后覆盖黄咖喱，点缀椰奶和辣椒，片用所折成杯状的豆浆叶包裹

在泰国，集市或大街上的摊位都有虫子售卖，可以随时像吃零食那样吃它，一般都是先在油里炸一会儿，然后蘸着调料。鱼露和小辣椒食用。常见有蟋蟀、虾蛙，蚂蚁和蚕蛹。

泰国咖喱已闻名世界。制作时按照一定的比例准备香料和调味料，把香料制成膏状的辣味后和不同温度的辣味调料混合，其中最有名的是红咖喱，黄咖喱和绿咖喱。绿咖喱加入椰子奶一起煮，经常用食物。

阳桃

菠萝

金枪鱼

泰国湾

可用来制作非常有特色的面条

海蜇

刺鲅

白虾

虾身白色，虾身很薄且带有斑点

海鳄鱼

这种水果果皮呈红色，布满绿色的果肉非常甜美而多汁

龙眼果

木瓜

人心果

海鳄鱼

咖啡

沙咖

又名"蛇皮果"，因为其果皮似蛇的鳞片

红毛丹

泰国火背鹇

鱼肉脏辣咖喱汤

由鱼肉脏熬制的超级辣味的汤

棕榈糖

糖棕树

这种糖棕果很多糖色味甜且呈深色

榴莲

茅荔枝（即山竹）

这种水果如此之臭，甚至会阻碍交通运输，甚至工具的正常运行

红树林蟹

老虎虾

因其黑色条纹而得名

软壳蟹

这种软壳蟹很珍贵

皮皮虾

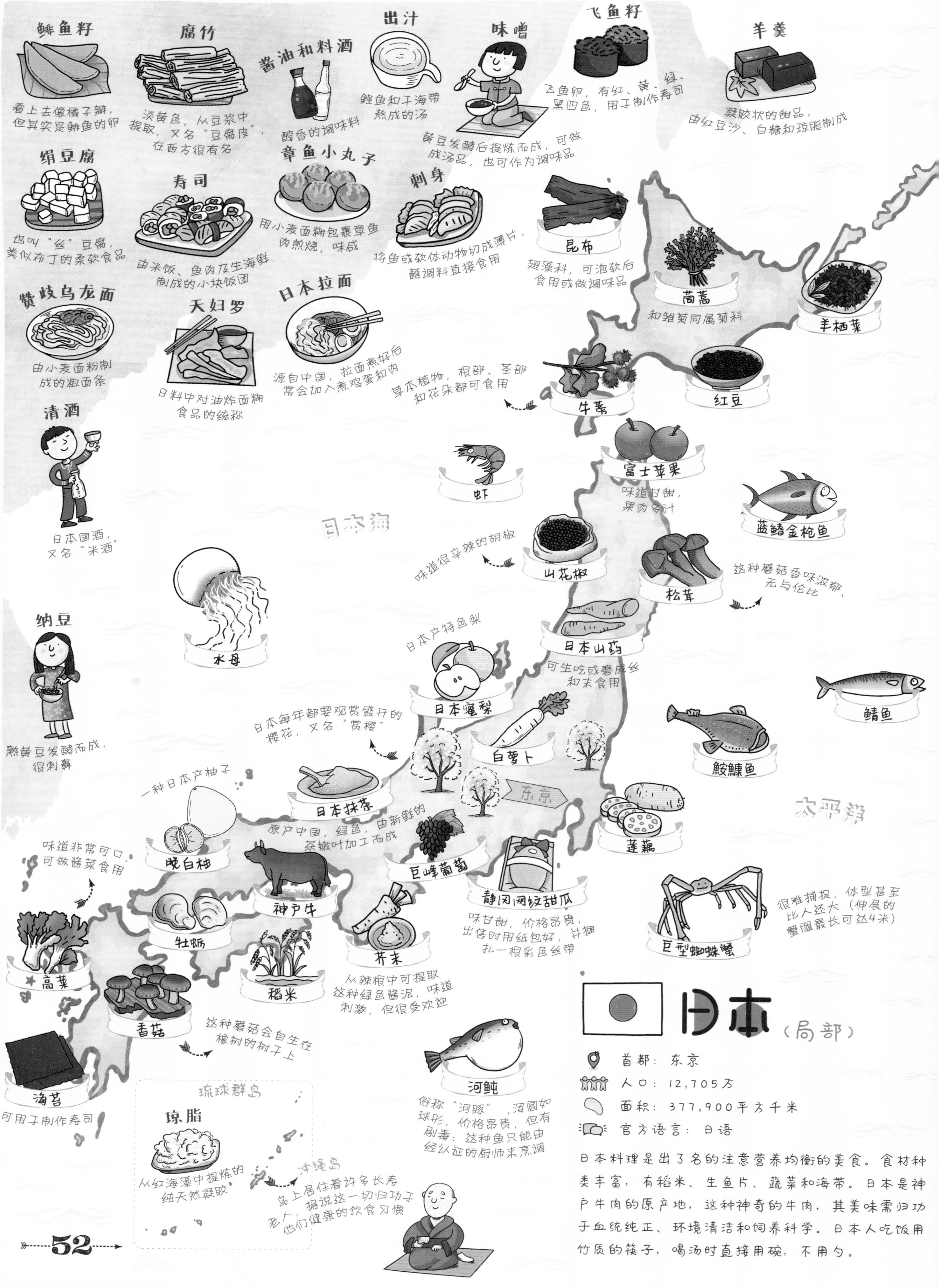

鲱鱼籽
看上去像橘子瓣，但其实是鲱鱼的卵
腐竹
淡黄色，从豆浆中提取，又名“豆腐皮”，在西方很有名
酱油和料酒
醇香的调味料
出汁
鲣鱼和干海带熬成的汤
味噌
黄豆发酵后提炼而成，可做成汤品，也可作为调味品
飞鱼籽
飞鱼卵，有红、黄、绿、黑四色，用于制作寿司
羊羹
凝胶状的甜品，由红豆沙、白糖和琼脂制成
绢豆腐
也叫“丝”豆腐，类似布丁的柔软食品
寿司
由米饭、鱼肉及生海鲜制成的小块饭团
章鱼小丸子
用小麦面糊包裹章鱼肉煎烧，味咸
刺身
将鱼或软体动物切成薄片，蘸调料直接食用
昆布
翅藻科，可泡软后食用或做调味品
茼蒿
和雏菊同属菊科
羊栖菜
赞岐乌龙面
由小麦面粉制成的粗面条
天妇罗
日料中对油炸面糊食品的统称
日本拉面
源自中国，拉面煮好后常会加入煮鸡蛋和肉
草本植物，根部、茎部和花朵都可食用
牛蒡
红豆
清酒
日本国酒，又名“米酒”
虾
富士苹果
味道甘甜，果肉多汁
蓝鳍金枪鱼
日本海
味道很辛辣的胡椒
山花椒
松茸
这种蘑菇香味浓郁，无与伦比
水母
日本产特色梨
日本山药
可生吃或磨成丝和末食用
纳豆
熟黄豆发酵而成，很刺鼻
日本蜜梨
鲭鱼
日本每年都要观赏盛开的樱花，又名“赏樱”
白萝卜
鮟鱇鱼
一种日本产柚子
东京
日本抹茶
太平洋
原产中国，绿色，由新鲜的茶嫩叶加工而成
莲藕
味道非常可口，可做酱菜食用
晚白柚
巨峰葡萄
静冈网纹甜瓜
味甘甜，价格昂贵，出售时用纸包好，并捆扎一根彩色丝带
很难捕捉，体型甚至比人还大（伸展的蟹腿最长可达4米）
神户牛
巨型蜘蛛蟹
牡蛎
芥末
从辣根中可提取这种绿色酱泥，味道刺激，但很受欢迎
高菜
稻米
香菇
这种蘑菇会自生在橡树的树干上
河鲀
俗称“河豚”，浑圆如球形，价格昂贵，但有剧毒：这种鱼只能由经认证的厨师来烹调
海苔
可用于制作寿司
琉球群岛
琼脂
从红海藻中提炼的纯天然凝胶
冲绳岛
岛上居住着许多长寿老人，据说这一切归功于他们健康的饮食习惯

日本（局部）

首都：东京

人口：12,705万

面积：377,900平方千米

官方语言：日语

日本料理是出了名的注意营养均衡的美食。食材种类丰富，有稻米、生鱼片、蔬菜和海带。日本是神户牛肉的原产地，这种神奇的牛肉，其美味需归功于血统纯正、环境清洁和饲养科学。日本人吃饭用竹质的筷子，喝汤时直接用碗，不用勺。

韩国

韩国粉丝
甘薯粉制成，像"玻璃"一样晶莹透亮

药果
用蜂蜜、芝麻油和小麦粉制成的饼干

韩国泡菜
韩国人每顿饭必吃的配菜，由蔬菜加辣椒和调料后腌制而成

韩国馒头
个头很大，类似中国的夹馅饺子

大酱
用豆子腌制的调味品

辣椒酱
在韩国料理中使用非常广泛，由红辣椒、腌制的大豆及糯米粉制成

煎饼
咸味馅饼，海鲜和大葱馅的煎饼最经典

韩式烤肉
牛肉切片后，放在炭火上烧烤

芝麻油
韩式烹调中的常用油

神仙炉
招丸子和蔬菜放入锅中煮熟后食用。炖煮所用的锅就叫"神仙炉"

韩国生鱼片
可切片后蘸酱油或辣椒油食用

参鸡汤
人参鸡汤，在一年中最炎热的季节享用，有排热毒、防中暑的功效

腌渍海鲜
将海鲜调味后，再进行腌制

石锅拌饭
煮熟的米饭和新鲜什蔬混，加上辣椒酱搅拌后食用

首都：首尔　　面积：99,600平方千米
人口：5000万　　官方语言：韩语

"韩餐"，是韩国人的典型烹调，所用食材天然且新鲜，如蔬菜、肉类和鱼类。韩餐烹调的基础技术就是发酵，可将食物中丰富的营养成分进行保存。典型名菜韩国泡菜，是韩国人每餐必吃的开胃菜。还有一种名叫"韩定食"的韩式宴席，在一种特制的木质小矮桌上摆满筷子和勺子及各式菜肴，是韩国人家庭或朋友聚会的常见形式。

景福宫
韩国古代皇宫，曾有330座建筑

首尔

太白山

黄海

日本海

桔梗
根部可食用，当地用其制作泡菜

大豆

香菇

鱿鱼
可做成鱼干或盐腌后当小食享用

稻米

韩牛
肉味鲜美，但价格昂贵

中国大白菜

小米

生姜
在韩国，常用其熬制姜汤

红豆
根部为天然的红色，煮熟后食用，对健康极有功效

红辣椒
可做成辣椒粉或辣椒酱，是许多菜肴的调味品

大比目鱼

黑冠鸡
养殖的主要功用是食用其肉和蛋，品种非常优良

红参

韩国甜瓜

乌鸡
极不同寻常，整个眼、喙、脚、皮肉、骨骼等皆为乌黑，身上有一层柔软洁白的羽毛

紫苏
其籽、梗和叶子均可入药，也可做配菜食用

竹子

韩国萝卜

楤木
很多菜肴中都会添加该植物的芽

茶
韩国很流行饮用绿茶

李子
口味介乎于梅子和杏之间，果汁很有营养

柿子

甘薯
非常有营养，有助于减肥

大麦茶
大麦发酵制成的茶

酱油
韩国有3种酱油，味道各不相同

海带

鲍鱼
单壳软体动物，生长在海里，又名"海耳"

裙带菜
像所有的海带一样，可晾干、切碎后食用

太平洋牡蛎

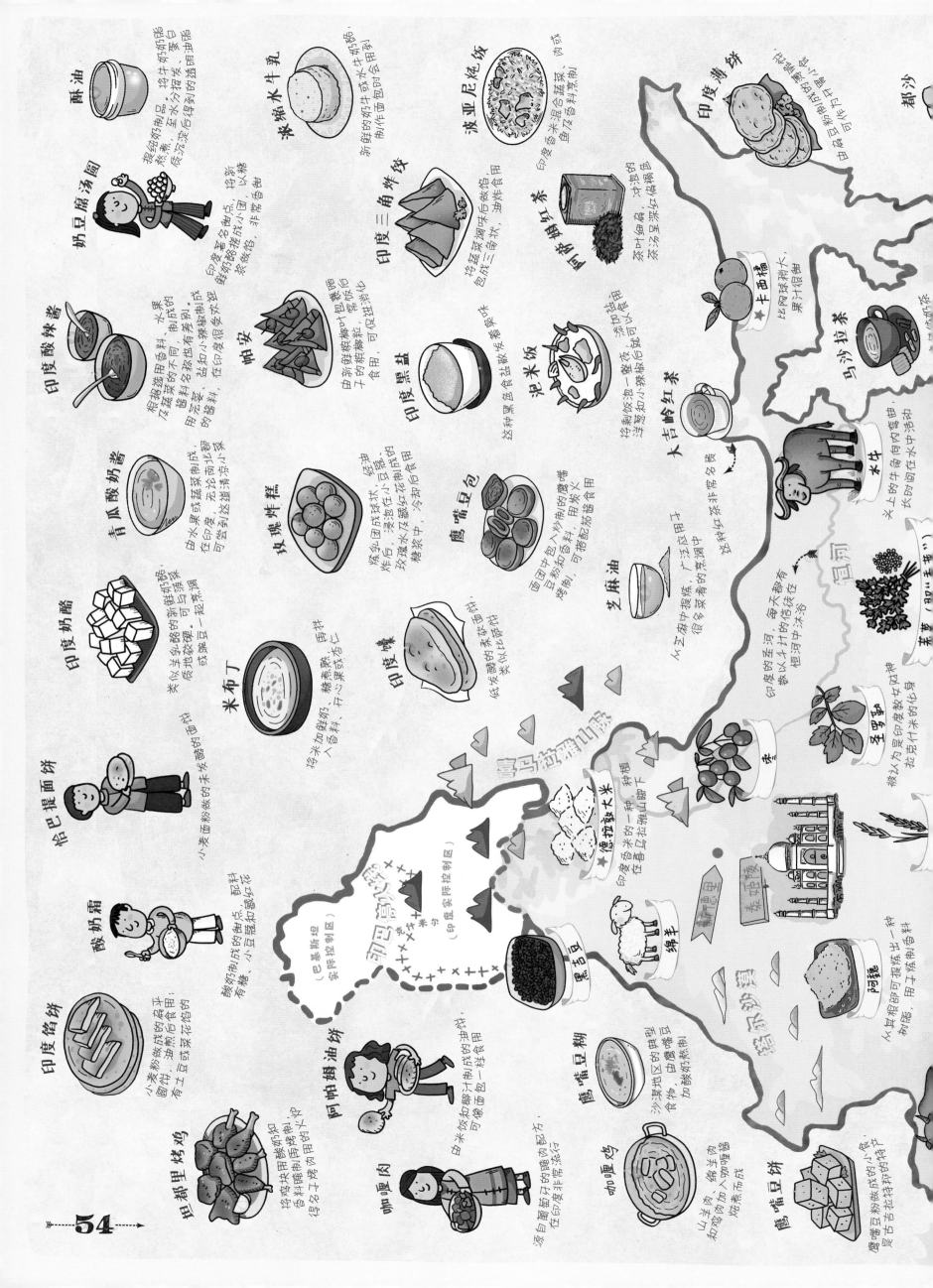

酥油
搅结奶制品，熬煮，至水分蒸腾后沉淀凝结得到的黄色油脂，将牛奶奶脂蛋白、蛋白

浓缩水牛乳
新鲜的奶牛或水牛奶浓缩制到奶酪。印度著名奶点，将新鲜奶酪搓揉成小团，以糖浆裹成馅，非常合做

波亚尼炖饭
将蔬菜调味后做成，印度各式米混合蔬菜、鱼及香料烹制，肉或式

印度薄饼

都沙
由稻豆粉也可作小片成做食，由稻豆粉可作与稻

奶豆腐汤圆

印度三角炸饺
由新鲜椰叶包裹厚子的椰椰粒，盐和小辣椒制成食用，可促进消化在印度很受欢迎

印度黑盐
将蔬菜调味后做成三角状，包成馅，油炸食用

泡米饭
冷剩饭泡一整夜，添加热油洋葱和小辣椒后就可以食用

马沙拉红茶
比网球消小，果汁很合做

印度酸辣酱
根据选用香料、水果及蔬菜的不同，制成的酱料名称也有差别。用云蓉、盐和小辣椒制成的酱料，在印度很受欢迎

阿萨姆红茶
茶叶细碎，冲泡的茶汤呈深红褐色

大吉岭红茶
这种黑色盐品盐散发着臭味

卡西橘

印度奶酪
由水或蔬菜制成，在印度，无论南北都可尝到这道清凉小菜

青瓜酸奶酱
类似羊乳奶酪的新鲜乳浆，可当果酱用，或烹制

玫瑰炸糕
炼乳团成球状，经油炸后，浸泡在小豆蔻、玫瑰水浸泡花制的糖浆中，冷却食用

鹰嘴豆包
面皮中包入炒香的鹰嘴豆粉和香料，可搭配茶酱食用

水牛
关上的牛角向内弯曲，长时间在水中活动

芥末（即"羊芥"）

恰巴提面饼
小麦面粉做的未发酵的面饼

米布丁
将米加牛奶、香料入煮熬成、糖煮熟再拌入果或杏仁

印度馕
面包发酵，低发酵的柔软面饼，类似比萨

芝麻油
从芝麻中提炼，广泛应用于印度各菜肴的恰佐在很多菜肴的烹调中

恒河
印度的圣河，每天都有教以千计的信徒在恒河中沐浴

圣罗勒
被视为是印度教女这神拉齐个米的化身

枣

酸奶霜
酸奶制成的甜点，配料有糖，小豆蔻和藏红花

印度馅饼
小麦粉做成的扁平圆饼，油煎后食用：有土豆或蔬花的馅

印度巴基斯坦
（巴基斯坦实际控制区）
（印度实际控制区）

喜马拉雅山脉

德拉敦大米
印度香米的一种，种植在喜马拉雅山脚下

绵羊

黑吉豆

塔吉陵

阿帕姆油煎饼
由米饭和椰汁南成的甜饼，可像面包一样食用

咖喱肉
山羊肉、绵羊肉和鸡肉加入咖喱酱烹制而成

鹰嘴豆糊
沙漠地区的典型食物，由鹰嘴豆加酸奶烹制

阿魏
从其根部可提炼出一种树脂，用于烹制咖喱等料

坦都里烤鸡
将鸡块用酸奶和香料腌制，在坦都的火炉得名之子烤肉用

鹰嘴豆饼
鹰嘴豆粉做成的小食，是吉古拉特邦的特产

米豆蒸饼 —— 南印的典型豆制品，由米和扁豆发酵而成，蒸熟后食用

芒果加小辣椒后用油腌制而成……可醮辣椒酱食用

剑鱼

孟加拉湾

芒果是一种很古老的热带水果（有4000年的历史），原产于印度。关于芒果树有许多神奇的传说。芒果渊源颇深，文化被公认为印度人的圣物，一直被今天仍会用其树叶装饰房子。

咖喱、孜然芹、香菜……都是印度菜中不可或缺的香料。甚至每个家庭都有自己的配方，常常会根据各种香料的不同色香味，在家中混合配制出独有的调料。

小丑鱼

印度腰果糖 —— 菱形，炼乳混合干果后制成

穆子 —— 生长于干旱地带，其粉末可制成大面疙瘩，和豆之一起炒煮食用

糖棕榈树 —— 从它凝调的树液中可提炼出深红色的甜味剂

茄子

咖喱树 —— 叶子很清香，可用来制作香料

腰果

渡罗蜜 —— 热带水果，重量可达30.4克

椰子

柚子 —— 被认为是所有的柑橘的祖先的之一

棕榈

花生 —— 生长在地下，收获时需要像蚯蚓钻洞一样寻找

阿方索芒果 —— 主要在孟买的拉搭特拉邦种植的依质优芒果，果肉丰富，多汁

橙子

印度黑茶子

姜黄

代利末里黑胡椒

印度

首都：新德里　　面积：约2,980,000平方千米
人口：129,500万　　官方语言：印地语、英语

印度菜色彩丰富，味道鲜美。可分为两种类型：素餐和非素餐。南部和东部地区偏爱吃米饭，西部地区和恒河平原居民喜欢小麦。烹调时，印度人许多种辣味的香料调味，蔬菜也必不可少。印度人餐桌上少不了的食物有豆子、牛奶及奶制品。用餐时会喝椰汁和用酸奶酿制的饮料。许多印度人的一天是从喝茶开始的，印度有特色的香辣奶茶。

阿拉伯海

龙头鱼 —— 鱼嘴宽大，牙齿尖利

印度鲱鱼 —— 外形似黑橡榄，富含维生素素，味道微酸

纹谐鱼

章鱼

单峰驼

金枪鱼

大西洋

西撒哈拉

毛里

佛得角

塞内加尔

冈比亚

几内亚比绍

塞拉利昂

非洲

大揭秘

猴面包树是非洲干旱地区极富营养价值的植物。巨大的树干可储存上千升的水，白色果肉富含维生素，同时它的树叶可切碎或晒干后食用。

据说秋葵是原产于非洲大陆的蔬菜，可能在古埃及时就已种植。其绿色可食的豆荚让人联想到手指，小孩也会将其当作玩具。还可从中提取出一种可食用的黏性液体。

据传说，从前有一个埃塞俄比亚的牧羊人发现了一个秘密，从而揭示了咖啡浆果的作用，其实是他原本懒惰的羊偶然吃了一种植物后，变得异常兴奋。很快整个埃塞俄比亚开始流行咀嚼咖啡豆的习惯，但许多世纪后才诞生了我们今天所熟知的咖啡饮品。

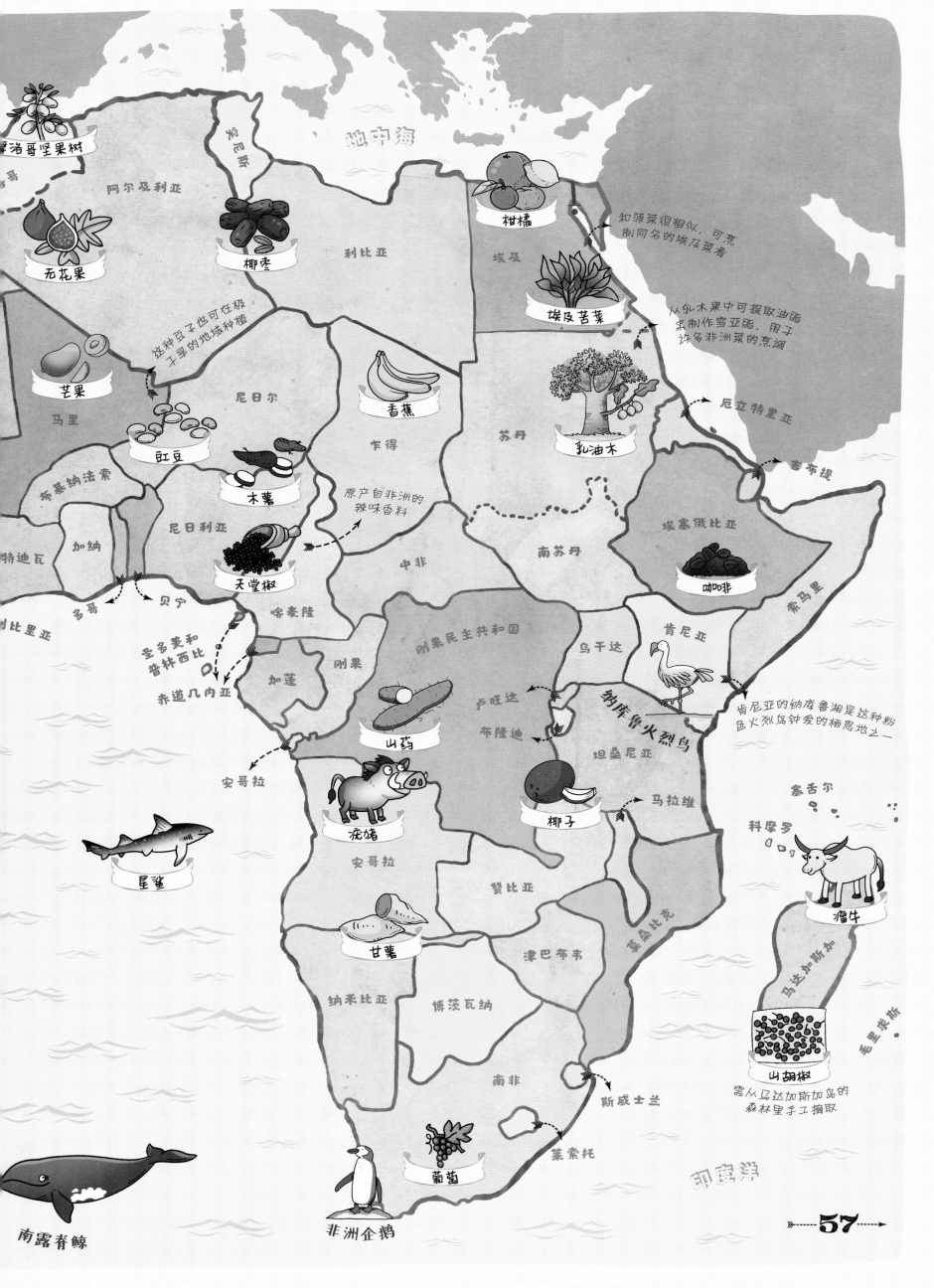

摩洛哥坚果树

地中海

突尼斯

阿尔及利亚

摩洛哥

无花果

椰枣

利比亚

柑橘

埃及

和渡菜很相似，可烹
制同名的埃及菜肴

埃及苦菜

芒果

这种豆子也可在极
干旱的地域种植

尼日尔

乍得

香蕉

苏丹

从乳木果中可提取油脂
来制作雪亚脂，用于
许多非洲菜的烹调

乳油木

厄立特里亚

马里

豇豆

布基纳法索

木薯

原产自非洲的
辣味香料

南苏丹

中非

吉布提

埃塞俄比亚

咖啡

索马里

科特迪瓦

加纳

尼日利亚

天堂椒

喀麦隆

刚果民主共和国

乌干达

肯尼亚

纳库鲁火烈鸟

利比里亚

多哥

贝宁

圣多美和
普林西比

赤道几内亚

加蓬

刚果

山药

卢旺达

布隆迪

肯尼亚的纳库鲁湖是这种粉
色火烈鸟钟爱的栖息地之一

安哥拉

疣猪

坦桑尼亚

椰子

马拉维

塞舌尔

科摩罗

星鲨

安哥拉

赞比亚

莫桑比克

瘤牛

甘薯

津巴布韦

马达加斯加

毛里求斯

纳米比亚

博茨瓦纳

山胡椒

需从马达加斯加岛的
森林里手工摘取

南非

斯威士兰

莱索托

印度洋

南露脊鲸

非洲企鹅

葡萄

摩洛哥

📍 首都：拉巴特

👥 人口：3380万

🐚 面积：459,000平方千米

🗣 官方语言：阿拉伯语

受阿拉伯、柏柏尔和西班牙各种传统美食的影响，摩洛哥菜将味道和气味很好地结合起来。一天中，午餐对于摩洛哥人最重要：会先端上一些蔬菜沙拉做开胃菜，随后是摩洛哥塔吉锅炖肉或炖鱼，用这种陶土制成的锅具烹制的菜也称"塔吉"；然后会上一杯薄荷茶。每周五的惯例是吃库斯库斯。摩洛哥人还保留着手抓饭的传统，不使用刀叉，而是用面包辅助进餐，所以面包就像餐具，总是放在餐桌上。

章鱼

牡蛎

海胆

金枪鱼

沙丁鱼

摩洛哥是世界上重要的沙丁鱼出口国

龙虾

大西洋

从中可提炼出名贵的摩洛哥坚果油

摩洛哥坚果

库斯库斯

由5种谷物烹制而成

可提取特别的骆驼
发酵后可制成一
种叫"ZRIG"的
饮料，很解渴，加
稀释后可饮用

海豚

撒哈拉沙漠

地球上最大的沙漠

单峰驼

橙子沙拉

摩洛哥流行的菜肴，将
剥皮后切片，再放入橙
洋葱、橄榄油及香料

生长范围小，长在
绿洲，可将沙漠分隔开

椰枣

阿甘油杏仁

可涂抹食用的酱，由
仁、坚果油和蜂蜜制

剑鱼

地中海

海鲂
摩洛哥是这种细长豆角的主要生产国和出口国

拉巴特·

无花果

★摩洛哥盐
从瓮中的盐水内提取，至少有200多年的历史

小麦

拜尔坎柑橘
无籽柑橘，果肉多汁

舍夫沙万奶酪
新鲜山羊奶酪，早餐时搭配橄榄油和面包食用

鹰嘴豆

橄榄油
摩洛哥是橄榄油出口大国

月桂树

沙漠松露
很稀有的沙漠自生植物
外形类似小丝瓜又名"黄秋葵"

巴斯蒂亚馅饼
以家禽肉、杏仁和香料做馅，裹进薄薄的饼皮中烤至焦脆金黄

豆角

葡萄

李子

小辣椒

石榴

秋葵

椰枣

刺山柑

橙子

番茄

塔德莱-艾济拉勒大戟蜂蜜
从大戟中提取的蜂蜜，有花香味

★阿尼夫孜然芹
摩洛哥餐桌上的常备调料

★塔利温藏红花
在绿洲小镇塔利温种植

绵羊

在绿洲地带种植，常作为特产招待远方的来宾

马拉喀什塔吉锅
马拉喀什风味，将羊肉或牛肉炖煮数小时。传统上来说这道菜是由男性来完成的

小圆饼
圆形小薄饼，在平底盘上烤制，也可加工成馅饼

烤全羊
将整只羊串在烤架上用慢火烤制

摩洛哥杏仁
道香曲，似榛子

麦无花果

杏仁饼干
又名"羚羊角"，半月形饼干，内馅为杏仁酱

三角酥饼
三角形的薄饼，内馅为肉、鱼和蔬菜等，油炸后食用

圆形粗面蛋糕
柔软的粗面油炸饼，常搭配蜂蜜食用

茄子菜泥
由茄子、番茄及香料制成的沙拉，冷热都可食用

塔吉锅
由陶土制成的容器，有着锥形锅盖，放在容器内部炖煮的鱼或肉也叫塔吉

哈利拉汤
可做成素汤，也可做成肉汤。放入番茄、洋葱、欧芹和芫荽调味

马铃薯饼
很美味的油炸土豆饼

摩洛哥煎饼
又软又薄，类似面包派，在早餐时和摩洛哥茶一起享用

摩洛哥混合香料
摩洛哥产混合香料

开胃小菜
小盘沙拉和蔬菜，搭配面包食用

摩洛哥坚果油
又称"阿甘油"，将阿甘果晒干后榨取。做菜时加几滴便非常美味，也可制成身体和头发使用的天然保养品

腌柠檬片
用盐水浸泡的柠檬，切片后可做沙拉，或作为肉及鱼的配菜

库斯库斯的底料是硬小麦（也可以是大麦或玉米）的麸皮，配好后，放入专门的"库斯库斯锅"里，用鲜汤蒸熟后，加入蔬菜或肉类（有时可以放鱼）和辣椒酱后就可以食用了。

在摩洛哥，人们每时每刻都在喝薄荷茶。在带有长茶壶嘴的银制茶壶中倒入绿茶汤及薄荷叶，加一些糖，然后再高高举起茶壶，倒入小玻璃杯中，这样可让茶水中的糖分"起泡"。

比萨拉
洛哥蚕豆汤，用药椒和橄榄油进行调味，常在早餐时食用

烤肉串
牛肉类混合烤制的肉串，当地流行的街头小吃

花型油炸芝麻甜饼
斋月的典型美食。油炸面条盘成圆形，抹一层蜂蜜，再撒上芝麻食用

烙饼
由鸡肉、洋葱和蚕豆制成，可作为祝寿的食品

埃及

🏛 首都：开罗　　🐚 面积：1,001,450平方千米

👥 人口：9009万　　💧 官方语言：阿拉伯语

虽然埃及的大部分国土被沙漠覆盖，但在绵长的尼罗河畔绿洲中种植着谷物、洋葱、豆子、椰枣和大蒜，都已有近千年的历史。午餐对埃及人来说是最重要的一餐，一般以羔羊肉或公羊肉、面包和蔬菜为主。玫瑰茄茶、薄荷茶和阿拉伯咖啡都是埃及人喜爱的饮品，他们习惯在其中加入香料，如小豆蔻等。

地中海

大西洋白姑鱼

苦菜汤
用类似菠菜的苦菜熬制的汤

牛奶布丁
将磨碎的米加入牛奶、糖、玫瑰水或橙水制成的布丁

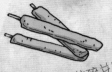
杂豆饭
在当地非常受欢迎，由稻米、扁豆、鹰嘴豆、炸洋葱加番茄酱烹制

柯夫塔
将羊肉或牛肉绞碎后以香料调味，做成丸子或条状，串在木扦上烤制

多米亚迪奶酪
非常柔软，用奶牛或骆驼奶制成

无花果

葡萄

稻米

吉萨狮身人面像

埃及甜瓜

开心果

埃及咸鱼
将鲻鱼晒干并盐腌一年才可安全食用，已有近4年的历史

薄荷茶
埃及人喜欢喝黑茶，常在里面加入糖和一点儿薄荷

锡瓦绿洲
这里种植着薄荷、橄榄和椰枣

橄榄

比佳维鸡

柑橘

玉米

木瓜

开罗

锡瓦椰枣 ★
采摘工人需戴上棕榈纤维制成的腰带，爬上椰枣树上手工摘取

法尤姆绿洲
被誉为"埃及的花园"

苏伊士湾

苦艾酒
烹饪中常作为香料使用，也可做药用，熬制汤药和药水

木槿花茶
用木槿花制成的果汁，可热饮或冷饮，有去内火功效

埃及洋葱
球茎并不长在泥土中，而且球茎的顶部会长出一株花朵

小麦

大蒜

尼罗河

蚕豆

甘蔗

红海

炸饺子
油炸饺子，内馅为羊肉或蔬菜

利比亚沙漠
位于撒哈拉沙漠的东北部

枣

小米

埃及蜜蜂
最古老的采蜜蜂之一

尼罗河鲈鱼

哈里杰绿洲

单峰驼
因只有一个驼峰而得名，埃及人会饮用单峰驼的奶

尼罗罗非鱼
背部的鳍像龙冠

阿拉伯沙漠

蝴蝶鱼

油炸鹰嘴豆饼
在埃及叫"法拉费"，是将鹰嘴豆泥油炸后做成的丸子

富尔梅达梅斯
很古老的埃及菜，将蚕豆文火慢煮，再拌入大蒜、洋葱和柠檬汁，通常早餐时食用

烤鸽子
炭烤鸽子，在鸽子里填入米饭、绿豆和香料后精心烤制

扁豆汤
加入柠檬和孜然后熬制的红扁豆汤

杜卡
由茴香、调料和烤干果制成的混合香料

埃及肉饼
填馅为肉、蔬菜和香料的馅饼

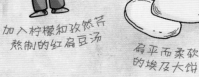
大饼
扁平而柔软的埃及大饼

茄泥酱
茄子制成的酱，一般和Aish大饼一起食用

胡姆斯酱
用鹰嘴豆制成的酱，在整个中东地区都很受欢迎

炖南瓜
将肉末和米饭塞入掏空的小南瓜中炖煮

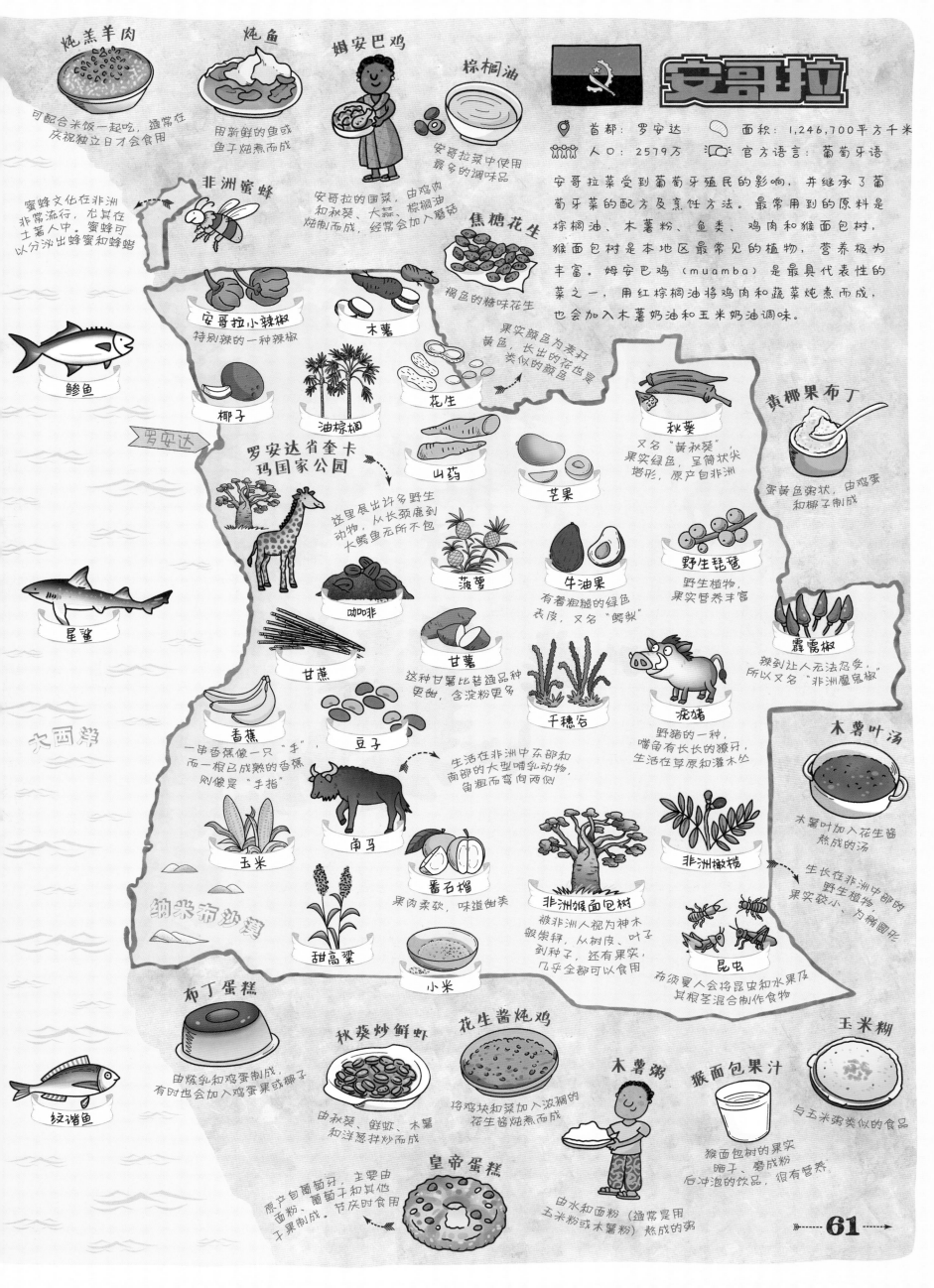

炖羔羊肉
可配合米饭一起吃，通常在庆祝独立日才会食用

炖鱼
用新鲜的鱼或鱼子炖煮而成

姆安巴鸡
安哥拉的国菜，由鸡肉和秋葵、大蒜、棕榈油炖制而成，经常会加入蘑菇

棕榈油
安哥拉菜中使用最多的调味品

非洲蜜蜂
蜜蜂文化在非洲非常流行，尤其在土著人中。蜜蜂可以分泌出蜂蜜和蜂蜡

焦糖花生
褐色的糖味花生

安哥拉

首都：罗安达　面积：1,246,700平方千米
人口：2579万　官方语言：葡萄牙语

安哥拉菜受到葡萄牙殖民的影响，并继承了葡萄牙菜的配方及烹饪方法。最常用到的原料是棕榈油、木薯粉、鱼类、鸡肉和猴面包树，猴面包树是本地区最常见的植物，营养极为丰富。姆安巴鸡（muamba）是最具代表性的菜之一，用红棕榈油将鸡肉和蔬菜炖煮而成，也会加入木薯奶油和玉米奶油调味。

鲹鱼

安哥拉小辣椒
特别辣的一种辣椒

木薯

椰子

油棕榈

花生
果实颜色为麦秆黄色，长出的花也是类似的颜色

秋葵
又名"黄秋葵"，果实绿色，呈筒状尖塔形，原产自非洲

黄椰果布丁
蛋黄色粥状，由鸡蛋和椰子制成

罗安达

罗安达省奎卡玛国家公园
这里展出许多野生动物，从长颈鹿到大鳄鱼无所不包

山药

芒果

野生琵琶
野生植物，果实营养丰富

星鲨

咖啡

菠萝

牛油果
有着粗糙的绿色表皮，又名"鳄梨"

霹雳椒
辣到让人无法忍受，所以又名"非洲魔鬼椒"

甘蔗

甘薯
这种甘薯比普通品种更甜，含淀粉更多

千穗谷

疣猪
野猪的一种，嘴角有长长的獠牙，生活在草原和灌木丛

大西洋

香蕉
一串香蕉像一只"手"，而一根已成熟的香蕉则像是"手指"

豆子
生活在非洲中东部和南部的大型哺乳动物，角粗而弯向两侧

木薯叶汤
木薯叶加入花生酱熬成的汤
生长在非洲中部的野生植物，果实较小，为椭圆形

纳米布沙漠

玉米

角马

番石榴
果肉柔软，味道甜美

非洲猴面包树
被非洲人视为神木般崇拜，从树皮、叶子到种子，还有果实，几乎全都可以食用

非洲橄榄

昆虫
布须曼人会将昆虫和水果及其根茎混合制作食物

甜高粱

小米

布丁蛋糕
由炼乳和鸡蛋制成，有时也会加入鸡蛋果或椰子

纹谐鱼

秋葵炒鲜虾
由秋葵、鲜虾、木薯和洋葱拌炒而成

花生酱炖鸡
将鸡块和菜加入浓稠的花生酱炖煮而成

木薯粥

猴面包果汁
猴面包树的果实晒干、磨成粉后冲泡的饮品，很有营养

玉米糊
与玉米粥类似的食品

皇帝蛋糕
原产自葡萄牙，主要由面粉、葡萄干和其他干果制成，节庆时食用

木薯粥
由水和面粉（通常是用玉米粉或木薯粉）熬成的粥

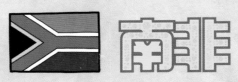

南非

首都：比勒陀利亚
人口：5565万
面积：1,219,090平方千米
官方语言：祖鲁语、科萨语、阿非利卡语、英语等

来自这一"彩虹之国"的美食，受到了多元文化的影响：荷兰和英国的殖民者、阿拉伯商人、葡萄牙航海者，以及来自马来西亚和爪哇的奴隶都曾在这里留下印记。当地人民的主食是玉米，南非的第一代居民就已开始种植。在南非胧炙人口的菜是烧烤（Braai），相当于我们所说的BBQ，在南非已完全成为社会的时尚。

玛瓦布丁
由杏酱制成的甜点，表皮松脆

南非香肠
非常美味，可以烤熟后直接食用或夹在面包里像汉堡一样享用

波特布鲁德面包
这种传统面包通常在铁锅中烤制

南非甜甜圈
油炸甜食，可在糖浆中浸泡或撒上调料后食用

咖喱肉末饼
内馅为已调好味的肉末和干果，常在周日或节庆时食用

玉米糊
玉米面做成的糊状食物，常作为早餐或午餐的主食

沙卡拉卡
蔬菜和辣椒做的辛辣调料，可根据厨师自己调制的配方制作

南非三明治
德班街头的特色美食，将面包掏空，填入咖喱酱和鸡肉等

鲜奶挞
以鲜奶和桂皮为馅，放入饼模烤制而成

甘薯花生泥

将甘薯蒸熟后捣成泥，再撒上烤花生食用

比尔通肉干

咸味生肉干，长条形，可当零食食用

三脚铁锅炖菜
将肉和蔬菜加调料放入铁锅，置于木炭上，文火慢炖

烤肉
南非有独特的烧烤文化和"烧烤节"

南非大肉串
将羊肉或牛肉浸入咖喱酱后串起来烤熟

马鲁拉树
潘木植物，小型啮齿动物和大象都爱吃这种水果，也叫"大象树"

杜利牛
奶牛和瘤牛杂交而成的变种肉牛

贝利娜皇蛾
这种蛾子的幼虫是很多非洲土著获取蛋白质的来源

牛油果

它的身体和尾巴积聚着许多脂

卡拉哈里沙漠红山羊
因存活于卡拉哈里沙漠而得名

刺角瓜
又名"奇瓦诺果"或"非洲蜜瓜"

玉米

花生

小麦

樱桃

祖鲁绵羊

大树芦荟
这种当地生长的芦荟形似大树，树干直径可以达到7米

土豆

接荼托王国的国土完全被南非所环绕

梨
只在南非塞德伯格地区生长，可以制成它的叶子可以制成一种红茶

卡鲁羊
生活在干旱的卡鲁地区，肉非常鲜美

水山植
水生植物，可用来做传统的调料

德拉肯斯山脉（汉语"龙山山脉"）

甘蔗

香蕉

大西洋

南非博士茶

桃子

柑橘

菠萝

梭鱼

波卡普

开普敦马来波卡普区因彩色的建筑群而闻名于世

葡萄树
南非主要的葡萄酒产区集中在开普敦地区

鸵鸟
单个鸵鸟蛋的重量可达1.5千克，相当于25个鸡蛋的总重

苹果

印度洋

龙虾

杖鱼

岬羽鼬

鱿鱼

双帆鲷
只生活在这片水域，根据其巡游区域（靠近礁石或沙岩区域）水的颜色来改变自身的颜色

鳗鱼肉包
鳗鱼内填满猪肉馅后烹调

木薯叶炖猪肉
将木薯叶捣碎后混合猪肉炖制

马式粽子
将香蕉、糯米和香草混合捏成面团，用香蕉叶包裹后煮食

土豆叶炖虾
由虾仁和土豆叶制成的炖菜，在当地非常流行

印太旗鱼
世界上游得最快的鱼，时速可达110千米

豌豆炖猪肉
由猪肉和豌豆烹制，量足味美

鸡肉椰汁炖汤饭
椰汁炖鸡肉饭

焦米汤
煮饭后将锅底剩的米加盐加水后得到的饮品

米粥
稻米煮成的软粥，在早餐时食用

椰奶味甜米饼
米粉和椰子制成的酥软油饼

牛肉干
将牛肉晒干或熏制后切成小条食用

罗马扎瓦
瘤牛肉、牛肉或鸡肉混合米饭烹制，这些食材颜色与马达加斯加国旗的颜色相同

石斑鱼

可可

甘蔗

椰子

咖啡

红河猪
哺乳动物，野猪属，白天躲藏，夜晚出没

马纳纳拉香草 ★
世界上一种名贵的顶级香草，气味馥郁芬芳

马达加斯加最重要的动物，可食用其肉和奶；在当地也是财富的象征

瘤牛

芒果

荔枝

红米

香蕉

稻米

塔那那利佛

光腔流苏鹳
这种鸟的颈部没有羽毛，因此得名

拉菲草
从中可提炼出一种很结实的纤维，用它制成的饮料也很流行

鲯鳅

当地人称为"renala"，是"森林之母"的意思

粉红胡椒

印度洋

马达加斯加

格兰迪迪尔猴面包树

马斯卡洛咖啡
不含咖啡因的野生咖啡

猴面包树
马达加斯加的国树，全世界共有8个品种，在这里都能见到

肉桂

龙虾
绵长的海岸边可以捕捉到许多龙虾

甘薯

丁香

📍 首都：塔那那利佛

👥 人口：2390万

面积：590,750平方千米

官方语言：马达加斯加语、法语

这里的居民生活在一个真正的热带水果天堂，当地盛产香料，尤其是香草，出口到全世界。主要食物是米饭，在马达加斯加被称为"vary"，每顿饭都可搭配肉类和蔬菜烹制不同的菜肴，叫作"捞卡"（laoka）。瘤牛肉也是马达加斯加的重要食材，通常和木薯叶及调料一起烹饪。

密克罗尼西亚联邦

蝴蝶鱼

帕劳

巴布亚新几内亚

西米棕榈树

蓝环章鱼

剧毒的海洋生物，被它咬后，会有致命的风险

珊瑚海

巴尔曼螯虾

澳洲沙漠葡萄干

金合欢树

诺丽

常绿果树，诺丽果富含人类所需维生素等营养元素

考拉

红袋鼠

澳大利亚

澳洲指橘

这种有袋类动物一般行动缓慢，如一旦觉得危险靠近，就会非常快地逃开：时速可达至40千米

袋熊

鸸鹋

伊拉瓦拉李子

澳洲青苹

印度洋

南方蓝鳍金枪鱼

塔斯曼海

美利奴羊

大白鲨

海豚

太平洋

马绍尔群岛

绿海龟

基里巴斯

瑙鲁

小丑鱼

图瓦卢

珊瑚石斑鱼

库克群岛

红鲷鱼

萨摩亚

斐济

芋头

汤加

大洋洲

大揭秘

大堡礁

绿唇贻贝

猕猴桃（奇异果）

新西兰

葡萄

蓝鳕鱼

面包树的果实，又名"ulu"（乌鲁）。这种绿色小瓜，有白色粉末状的果肉，是许多南太平洋岛屿居民的主要食品，其味道类似面包或土豆。

椰子树遍布大洋洲，是当地居民很重要的农作物。椰子树几乎可满足居民生活上的一切需求：树木可作为木材、长长的叶子可用来覆盖屋顶、果实美味可口，还可制作有益健康的椰子水。

澳大利亚

📍 首都：堪培拉　　🌀 面积：7,692,000平方千米

👪 人口：2392万　　🗣 官方语言：英语

澳大利亚的主要产品有热带水果、葡萄和澳洲坚果。金合欢树是国家的象征之一。澳洲烹调将具有土著传统风格的菜肴与英国殖民地特色菜肴进行了巧妙的融合。当地人喜食肉类，主要是牛肉、羊肉及袋鼠肉，可烧烤或夹在汉堡包中食用。最值得一尝的食物是被称为"澳洲臭豆腐"的澳大利亚食物酱，是用啤酒的残渣经提取后制作而成，可涂抹在面包上食用。

布闪夜蛾
这种蛾子的幼虫曾是当地土著获取蛋白质的来源

澳洲巨蜥
体型巨大，澳洲土著人以它的肉为食物

从面包果的果肉中可提炼出一种面粉

尖吻鲈
生活在淡水湖或咸水湖，体型较大

澳洲沙漠葡萄干
小灌木野果，味较刺激，被称为"沙漠葡萄干"

阿盖尔湖

大沙沙漠

面包柿

巴尔曼螯虾
很美味的甲壳动物，外形类似龙虾

红袋鼠
世界上最大的有袋类动物，一次跳跃的距离就可达8米远

豌豆

从这种植物中可提取900多种香料

金合欢树
从这种树上可获得蜂蜜，花朵可食用，种子可制成

澳洲安格斯牛
单一肉牛种，只用牧草饲养，来源于苏格兰的阿伯丁·安格斯牛种

鸸鹋
世界上体型仅次于鸵鸟的鸟类

大袋鼠
比红袋鼠体型稍小

檀香果
多肉水果，又名"土著桃"

印度洋

小麦

驼鸟
世界上跑得最快的鸟（时速可达70千米）驼鸟下的蛋又重又大

维多利亚大沙漠

艾尔湖
浅水盐湖，是利亚最大的

果皮和小苹果类似

葡萄酒

澳洲浆果

澳洲葡萄酒享誉全世界

葡萄

淡水龙虾，又称"澳洲蓝魔虾"

天鹅河

马龙螯虾

大袋大利亚湾

大白鲨

南方蓝鳍金枪鱼

安嗒斯扁蚝

鲳鱼（又名镜鱼

香肠卷

皮面包内夹香肠食用

芝士培根卷

由香脆培根和奶酪制成的馅饼

丹波面包

在野外烤制的特色面包，是当地牛仔探险时常带的食品

姜糖

切成小方块，像糖果一样食用

烧烤

澳大利亚人有其独特的烧烤文化

香草糕

用4层酥夹香草酱制成的甜点

巨无霸汉堡

在两片面包间夹入洋葱、莴苣、菠萝、培根和煎蛋制成

椒盐鱿鱼

油炸鱿鱼，香脆味美

肉派

夹肉馅饼，极有澳洲特色，很受欢迎

仙女面包

吐司面包片抹上黄油和人造奶油，再撒一层彩色的糖粒

坚果南瓜汤

由南瓜和坚果粒熬制的美味浓汤

小白咖啡

由牛奶加咖啡调制而成，口味类似卡布奇诺

浮饼

澳式肉饼，搭配豌豆酱一起食用

大堡礁

拉明顿蛋糕

松软的小方块西班牙式蛋糕，裹上巧克力酱后再沾满椰蓉食用

灰袋鼠

袋鼠肉是澳洲土著人很重要的食物，现正重新流行捕食袋鼠

菠萝

长期约为2年，每棵苗只结一个果实

甘蔗

花生

香蕉

种有袋类动物只在澳洲，每天要睡18个小时左右

考拉

玉米

可加工成玉米粉，也可制成爆米花

生姜

南洋杉果

一种针叶树的果实，其历史可追溯到侏罗纪时代

又名"手指橘"，非常古老，可作为"水果鱼子酱"食用

澳洲指橘

悉尼岩蚝

绵羊

桉树

又名"尤加利树"原生植物，可从中提取一种非常珍贵的精油，用于制作蜂蜜和糖果

伊拉瓦拉李子

生长在热带雨林中，果肉香甜

墨累河

澳大利亚最长、最大的河流

威萨克斯白肩猪

英国原产猪的杂交变种，今天生活在澳大利亚和新西兰

澳洲香桃木

梨

墨累河鳕鱼

世界上最大的鱼之一，现已濒临灭绝

堪培拉

澳洲青苹

产于澳大利亚，是世界闻名的绿色品种

苹果酒

塔斯马尼亚岛被誉为"苹果之岛"，盛产苹果和苹果酒

美利奴羊

胡椒莓

该植物的叶子很清香

塔斯曼海

牙别螯虾

淡水湖中的巨型龙虾

帕芙洛娃是一款非常甜的蛋糕，表皮松脆，内里柔软，有着云白色的夹心饼和令人垂涎欲滴的搅奶油。澳大利亚和新西兰正在争夺这个甜点的发明权：确切的事实是一位蛋糕师看到美丽的俄罗斯著名芭蕾舞演员安娜·帕芙洛娃，制作了这一甜点赠送给她。

澳洲坚果是由澳大利亚土著人发现的，这种干果果壳坚硬，有很高的利用价值。坚果种子天然含油量非常高，可从中榨取黄油或坚果油。

新西兰

🔲 首都：惠灵顿

👥 人口：464万

🏝 面积：270,534平方千米

🗣 官方语言：毛利语、英语

新西兰的美食融合了当地原住民毛利人的传统，以及英国人和亚洲人的传统。当地养殖业很发达，特别是羊肉，还有鱼类，是食物的主要组成部分。漫长的海岸线盛产甲壳类动物及软体动物，比如牡蛎及有名的新西兰绿唇贻贝。同时，新西兰的猕猴桃产量也位居世界前列。

太平洋

塔斯曼海

牛油果

甘薯
当地叫"库马拉"，表皮颜色多样，有红色、橙色和白色

树番茄

柠檬

牛

卡瓦鱼
澳洲鲑鱼（即三文鱼）

猕猴桃
原产自中国

几维鸟
新西兰当地产的
其英文为"KIWI"，这是新西兰特有的鸟类，也是该国的标志，新西兰人也喜欢被人这样称呼

毛利瓜

芦荟
多汁草本植物，叶子似三角形

美利奴羊

麦卢卡蜂蜜
新西兰麦卢卡红茶树的花蜜酿造而成

双带蛤
双壳软体动物，体型较大

新西兰琵琶虾
一种海蝉

短翅水鸡
又叫"南秧鸟"，这种鸟不会飞，长期成为狩猎对象，以至于现今已濒临灭绝
过去，当地人会食用这种树的叶子或嫩芽

绿唇贻贝

土豆

"汉吉"是毛利人传统的熏烤方法，将石头放入地洞，烤热后用来烹调食物

惠灵顿

海鲍

澳洲朱蕉

菠菜

蚕蛾
鞘翅动物的幼虫，非常美味

一座较为孤立的岛屿，食物需用商船运送到岛上

查塔姆群岛

蓝鳕鱼

在这儿，除了纯天然未受污染的植物以外，还可以看见海豹和海豚

峡湾国家公园

山毛榉蜂蜜
采集啃食山毛榉的蚜虫（也就是植物的"虱子"）分泌的花蜜提炼而成

葡萄
新西兰最好的红葡萄酒和白葡萄酒产自这里

大麦

毛利人传统面包
用土豆粉发酵制成的面包，是毛利人别具一格的传统配方

新西兰传统饼干
奶油饼干，由玉米片、椰子和巧克力糖霜制成，上面会点缀一个核桃仁

毛利乱炖
混合炖菜，由牛肉、甘薯和蔬菜炖制

萝莉蛋糕
甜得不能再甜的甜点，松软的蛋糕包裹着甜甜的棉花糖

鹿

布拉夫生蚝
产自布拉夫小镇，是这里的金鱼产业；在附近寒冷清澈的海水中慢慢生长，肉质鲜美

澳新军团饼干
由燕麦片和椰子制成，为纪念澳新军团的战士们而命名

蜂蜜太妃糖冰激凌
香草味冰激凌，加入小块蜂蜜太妃糖

香草羊肉
用蜂蜜和杏子烹制的羊肉，名字直译为"殖民地之鹅"

菠萝糖
菠萝夹心巧克力糖

鱼卷
用芋头叶子包裹的椰奶鱼卷

椰饺
填有椰子酱的甜味饺子

椰酱包
内馅为椰子和蔗糖的面包;在早餐时食用,很甜,非常有营养

椰果酸辣酱
这道菜受到了印度美食的影响

椰子干
凉干的椰子肉,可以从椰子干中提炼出椰子油

咖喱印度烤饼
在斐济也可品尝到这种典型的亚洲面包

椰子汁拌瓦鲁鱼
海洋生鱼沙拉,加入柠檬汁和椰子汁拌制而成

牛肉卷
将牛肉加洋葱和椰奶调味,再用芋头叶包裹

斐济

首都:苏瓦

人口:85万

面积:18,272平方千米

官方语言:斐济语、英语、印地语

该国家的主要食物有鱼类、椰子奶、猪肉、牛肉和畅销市场的热带水果等。远道而来的宾客会被奉上卡瓦酒——非常古老的一种饮品,将酒倒入椰子壳做的酒杯里供宾客饮用。你还能品尝到传统的斐济缮(xiǎng)宴,先把菜品用芋头叶包裹好,放入事先挖好的地炉内铺满的热石上蒸熟,这就是斐济最有名的洛佛(Lovo)大餐。

卡瓦酒
最古老的饮料,提取自卡瓦胡椒的根部

椰浆
与椰奶同名。将椰子肉粉碎、煮熟,再过滤后可获得

珊瑚石斑鱼

玉梭鱼

羽鼬鳎

红毛丹

椰子

斐济甘蔗
这种植物的内部可以吃。先去除叶子和皮,可加入椰奶一起煮熟食用

甘蔗
是斐济的重要农业资源

剑叶朱蕉
果实很大,且像面包一样富含淀粉

香草

热带植物,果实很小,呈椭圆形

甜槟榔青

菠萝

甘薯

木薯

生姜

芋头
该植物的块茎类似土豆,叶子也可用于烹调

面包树
一棵面包树一年可结200颗面包果,具有清香的面包味

香蕉

赤瓦

红鲷鱼

太平洋

岩石龙虾

洛佛(Lovo)大餐是在地面上安一口传统的锅来烧烤食物,类似新西兰毛利人的美食汉吉(hangi)的做法

印度洋-太平洋大口鲹
很难钓起这种鱼,因其重量可达80千克

食物的旅行

令人馋涎欲滴的美食要经过多少道工序才能来到我们的饭桌上？可能你不知道，土豆、玉米及番茄这些农作物在许多世纪前已经开始在南美大陆播种，稻米和柑橘源自中国，咖啡则产自非洲……心动了吗？现在就让我们开始美妙的美食探索之旅吧！

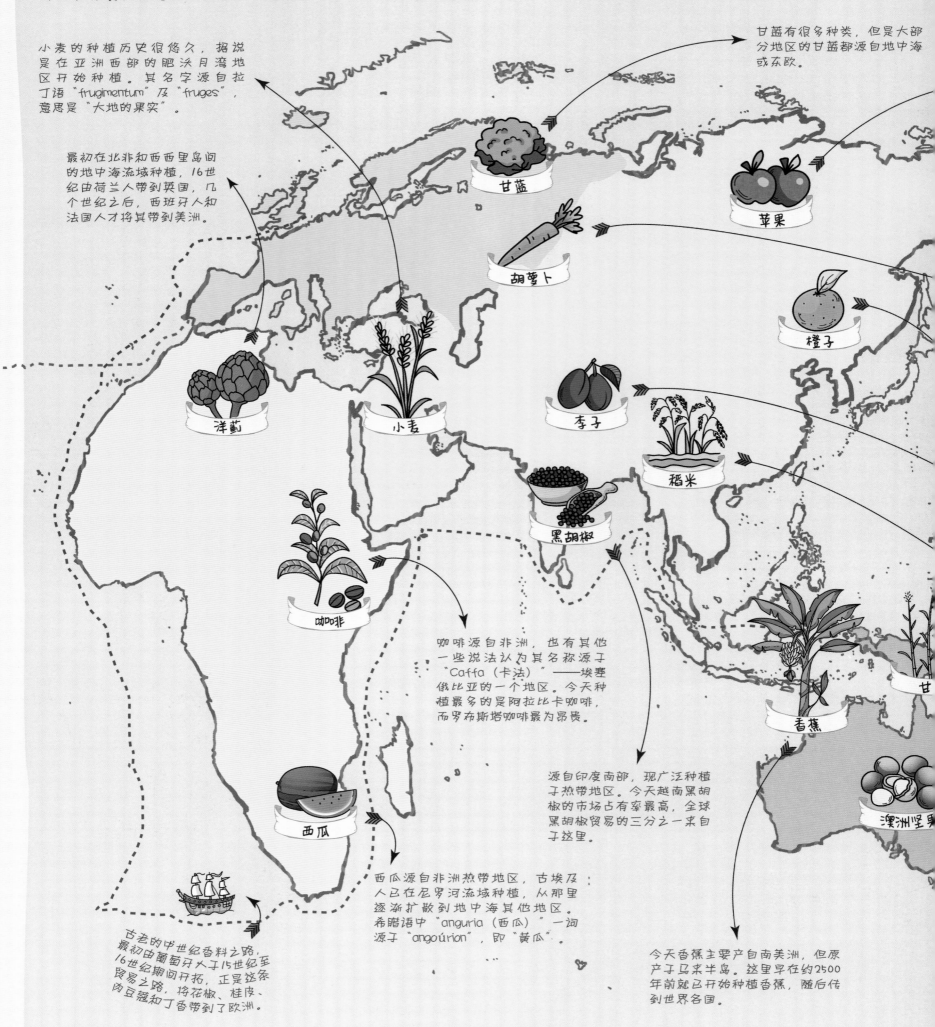

小麦的种植历史很悠久，据说是在亚洲西部的肥沃月湾地区开始种植。其名字源自拉丁语"frugimentum"及"fruges"，意思是"大地的果实"。

最初在北非和西西里岛间的地中海流域种植，16世纪由荷兰人带到英国，几个世纪之后，西班牙人和法国人才将其带到美洲。

甘蓝有很多种类，但是大部分地区的甘蓝都源自地中海或东欧。

甘蓝

苹果

胡萝卜

橙子

洋蓟

小麦

李子

稻米

黑胡椒

咖啡

咖啡源自非洲，也有其他一些说法认为其名称源于"Caffa（卡法）"——埃塞俄比亚的一个地区。今天种植最多的是阿拉比卡咖啡，而罗布斯塔咖啡最为昂贵。

源自印度南部，现广泛种植子热带地区。今天越南黑胡椒的市场占有率最高，全球黑胡椒贸易的三分之一来自于这里。

香蕉

澳洲坚果

西瓜

西瓜源自非洲热带地区，古埃及人已在尼罗河流域种植，从那里逐渐扩散到地中海其他地区。希腊语中"anguria（西瓜）"一词源于"angoúrion"，即"黄瓜"。

古老的中世纪香料之路，最初由葡萄牙人于15世纪至16世纪期间开拓，正是这条贸易之路，将花椒、桂皮、肉豆蔻和丁香带到了欧洲。

今天香蕉主要产自南美洲，但原产于马来半岛。这里早在约2500年前就已开始种植香蕉，随后传到世界各国。

世界上现存的蓝莓有400多种，最早的品种在远古时期就已存在。有一种起源于北美的巨型蓝莓，其外皮是晶莹透亮的淡紫色，果肉甘甜无比。

苹果起源于亚洲，现已遍布世界。"新疆野苹果"是最古老的品种，至今仍然存在，是所有苹果品种的"祖先"。

认为，野生胡萝卜最原始的颜色是白色，原产自欧亚大陆的一个中间…其历史可追溯到约5000年之前。

乎所有品种的柑橘都源自中国及南亚地区。约16世纪，由葡萄牙海者传入欧洲。今天，橙子已在界范围内广泛种植。其名称来自拉伯波斯语"narang"，经文中解释是"大家喜爱的果实"。

自欧亚地区，但在北美洲也有发过。它的名字很可能是"Susa"派生词；苏萨是一个波斯古城的字。

米是世界上最古老的食物一；其初次种植可追溯到000多年前的中国云南。

最初在新几内亚或印度种植，由于阿拉伯人的迁徙，将其带到世界各地：从尼罗河流域、巴勒斯坦直到西班牙及其他欧洲国家。19世纪前后，欧洲开始从甘蔗中提取并生产食糖。

克里斯托弗·哥伦布率领第一支商船队于1492年到达美洲。

由于土豆具有的极强的适应能力，现在已成为世界上最知名的食物之一。原产于南美洲安第斯山区，由西班牙人带到欧洲。它的名字可能来源于海地语"batata"。

块茎植物，许多世纪前就已在北美洲开始种植；大约17世纪，开始传入欧洲和世界其他国家。

公元前600年，美洲的玛雅人开始种植可可树，但野生可可树的历史更古老：约有6000年！今天，非洲大陆是世界上出产可可最多的地方，可可豆可被加工成美味的巧克力。

原产南美洲，西班牙人首次航行时就把番茄带到了欧洲。因为颜色鲜艳，法国人称之为"爱情之果"，意大利语则意为"金色果"。

形态特殊，类似橘子，澳洲原住民在约500年前发现并种植。19世纪，欧洲殖民者将其带到欧洲。

源自南美洲，玛雅人将其广泛应用在很多菜肴的烹饪中。哥伦布航行结束后，葡萄牙人把木薯带到了非洲，今天那里仍然广泛种植，在东南亚也有栽培。

现在，墨西哥及南美洲的其他地区已有近千年的玉米种植历史。人们普遍认为，玉米是由克里斯托弗·哥伦布带到欧洲；但另一种说法是：在那之前，北欧航海者就已经了解这种植物。玉米，又名"玉蜀黍"。

蓝莓

洋姜

可可

土豆

番茄

玉米

木薯

世界各国国旗

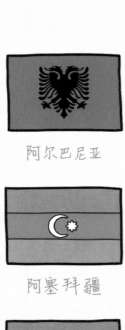 阿尔巴尼亚

 阿尔及利亚

 阿富汗

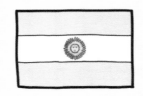 ☆ 阿根廷

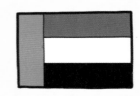 阿拉伯联合酋长国

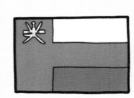 阿曼

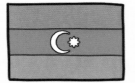 阿塞拜疆

 ☆ 埃及

 埃塞俄比亚

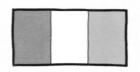 爱尔兰

 爱沙尼亚

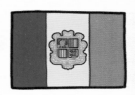 安道尔

 ☆ 安哥拉

 安提瓜和巴布达

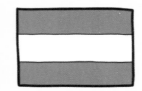 奥地利

 ☆ 澳大利亚

 巴巴多斯

 巴布亚新几内亚

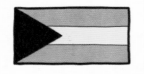 巴哈马

 巴基斯坦

 巴拉圭

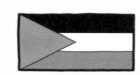 巴勒斯坦

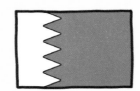 巴林

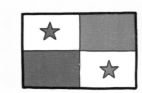 巴拿马

 ☆ 巴西

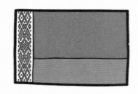 白俄罗斯

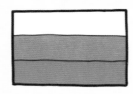 保加利亚

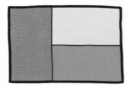 贝宁

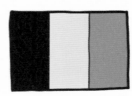 比利时

 ☆ 秘鲁

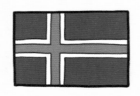 冰岛

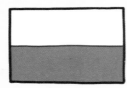 ☆ 波兰

 波斯尼亚和黑塞哥维那

 玻利维亚

 伯利兹

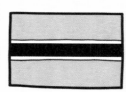 博茨瓦纳

 不丹

 布基纳法索

 布隆迪

 朝鲜

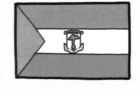 赤道几内亚

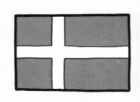 丹麦

 ☆ 德国

东帝汶

 多哥

 多米尼加

 多米尼克

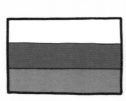 ☆ 俄罗斯

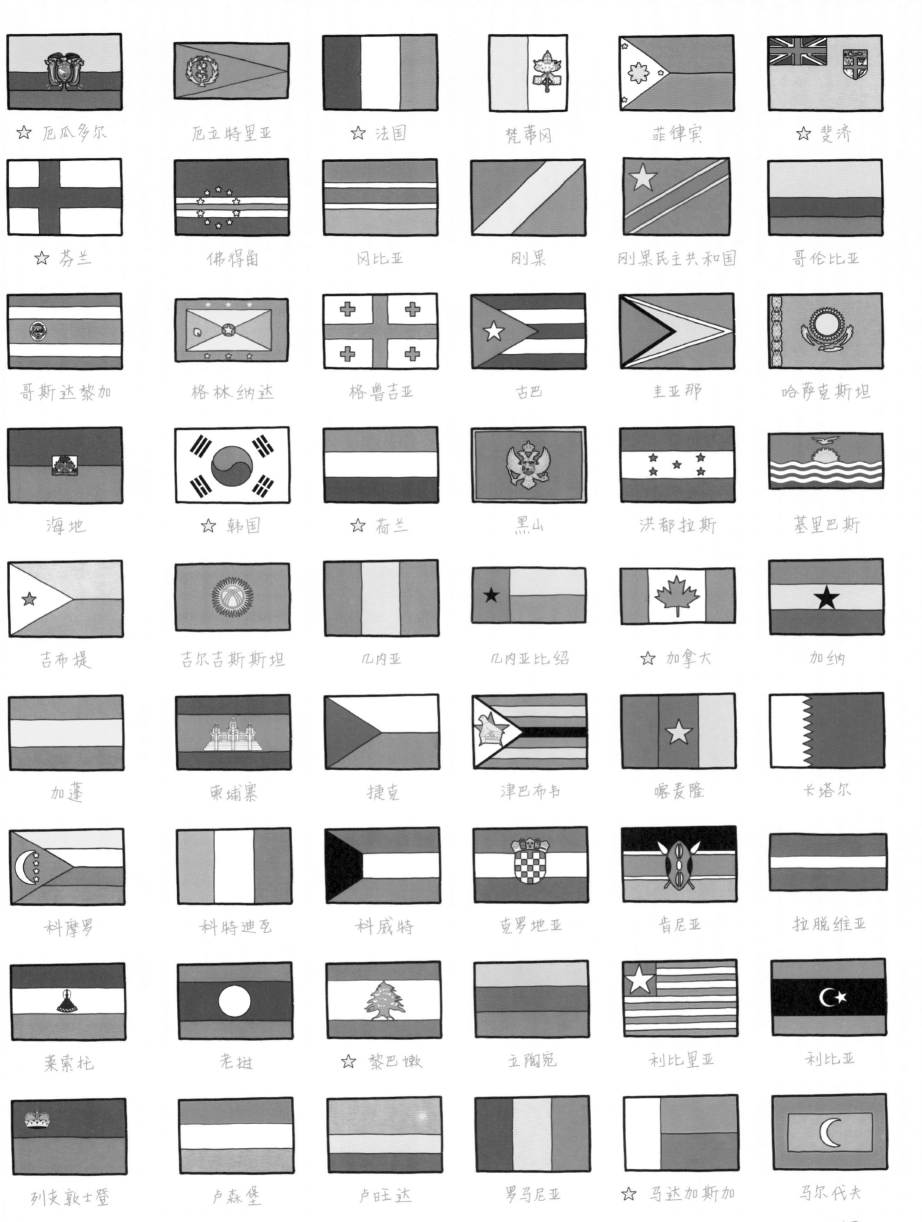

☆ 厄瓜多尔　　厄立特里亚　　☆ 法国　　梵蒂冈　　菲律宾　　☆ 斐济

☆ 芬兰　　佛得角　　冈比亚　　刚果　　刚果民主共和国　　哥伦比亚

哥斯达黎加　　格林纳达　　格鲁吉亚　　古巴　　圭亚那　　哈萨克斯坦

海地　　☆ 韩国　　☆ 荷兰　　黑山　　洪都拉斯　　基里巴斯

吉布提　　吉尔吉斯斯坦　　几内亚　　几内亚比绍　　☆ 加拿大　　加纳

加蓬　　柬埔寨　　捷克　　津巴布韦　　喀麦隆　　卡塔尔

科摩罗　　科特迪瓦　　科威特　　克罗地亚　　肯尼亚　　拉脱维亚

莱索托　　老挝　　☆ 黎巴嫩　　立陶宛　　利比里亚　　利比亚

列支敦士登　　卢森堡　　卢旺达　　罗马尼亚　　☆ 马达加斯加　　马尔代夫

 马耳他

 马拉维

 马来西亚

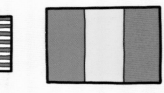 马里

 马其顿

 马绍尔群岛

 毛里求斯

 毛里塔尼亚

 ☆ 美国

 蒙古

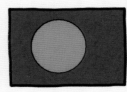 孟加拉

 密克罗尼西亚联邦

 缅甸

 摩尔多瓦

 ☆ 摩洛哥

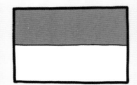 摩纳哥

 莫桑比克

 ☆ 墨西哥

 纳米比亚

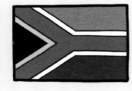 ☆ 南非

 南苏丹

 瑙鲁

 尼泊尔

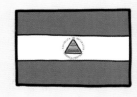 尼加拉瓜

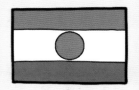 尼日尔

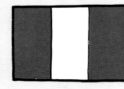 尼日利亚

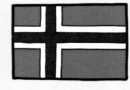 ☆ 挪威

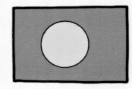 帕劳

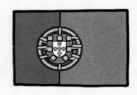 ☆ 葡萄牙

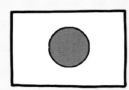 ☆ 日本

 ☆ 瑞典

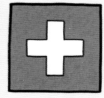 瑞士

 萨尔瓦多

 萨摩亚

 塞尔维亚

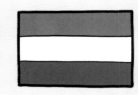 塞拉利昂

 塞内加尔

 塞浦路斯

 塞舌尔

 沙特阿拉伯

 圣多美和普林西比

 圣基茨和尼维斯

 圣卢西亚

 圣马力诺

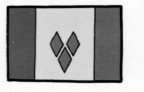 圣文森特和格林纳丁斯

 斯里兰卡

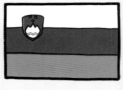 斯洛伐克

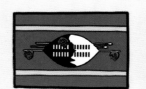 斯洛文尼亚

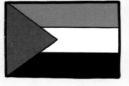 斯威士兰

 苏丹

 苏里南

 所罗门群岛

 索马里

塔吉克斯坦

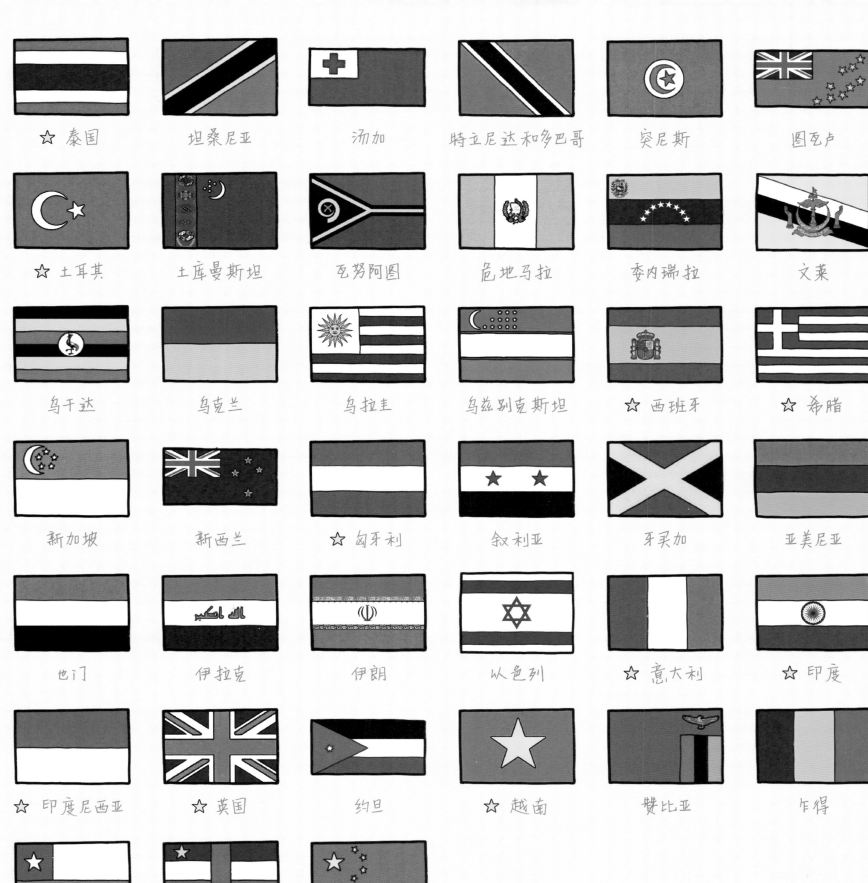

☆ 泰国	坦桑尼亚	汤加	特立尼达和多巴哥	突尼斯	图瓦卢
☆ 土耳其	土库曼斯坦	瓦努阿图	危地马拉	委内瑞拉	文莱
乌干达	乌克兰	乌拉圭	乌兹别克斯坦	☆ 西班牙	☆ 希腊
新加坡	新西兰	☆ 匈牙利	叙利亚	牙买加	亚美尼亚
也门	伊拉克	伊朗	以色列	☆ 意大利	☆ 印度
☆ 印度尼西亚	☆ 英国	约旦	☆ 越南	赞比亚	乍得

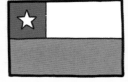
☆ 智利

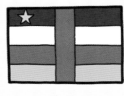
中非

☆ 中国

注：1. 各国排序按首字音序。
　　2. 带 ☆ 为本书中出现过的国家。

图书在版编目（CIP）数据

　地图：美食版 / (意) 茱莉亚·马莱尔巴, (意) 菲
比·希拉尼著；颜悦译. -- 南京：江苏凤凰科学技术
出版社, 2018.4
　ISBN 978-7-5537-8996-5

　Ⅰ.①地… Ⅱ.①茱… ②菲… ③颜… Ⅲ.①饮食-
文化-世界-图集 Ⅳ.①TS971.201-64

　中国版本图书馆CIP数据核字(2018)第021063号

Published originally under the title:
MAPPE DEL GUSTO
© Food Editore, an imprint of Food S.r.l. 2016
Via Mazzini n. 6 - 43121 Parma
www.foodeditore.it
info@foodeditore.it
All rights reserved

Illustrazioni　Febe Sillani　Illustrazioni cartine　Luca Mingolla

Testi
Giulia Malerba con il contributo di:
Lucia Carletti, Stefania Lepera, Jessica Montanari

Hanno collaborato
Francesca Badi, Tania Belletti, Paola Binaghi,
Concetta Lanza, Armando Minuz, Cristiana Mistrali,
Giulia Trotta (impaginazione)

Si ringraziano: Silvana Appeceix, Asli Arlan, Claudia Astarita, Marifé Boix Garcìa,
Lorenzo Chiurchioni, Giorgio Cusimano, Giorgia Ferrari, Fernanda Gaete,
Vasti Gemelgo, Peiling Huang, Maisa Juntunen, LG Lundberg, Michel Magada,
Stefania Medetti, Hyunjoo Myung, Giovanni Pessina, Elena Pezzia-Fornero,
Francesca Picciafuochi, Maria Silvia Quagliotti, Tiziana Ripepi, Alejandro Sanchez,
Ellie Smith, Pablo Solari, Rossana Sommaruga, Monika Thiele, Irene Vannucci

本书中所用地图是手绘插图，而非科学地图，是为了表明当地的特色食物。原意大利
版本中就为简单手绘，已尽可能尊重比例来绘制，但并不能做到完全科学无误，本书
是一本科普类读物，而非地理类读物，并未准确标注出任何国家的经线或纬线，故不
可作为任何标准地图使用。原意大利版的版权页已对书中地图做出解释说明。本书中
插图系原文插图。

国家测绘地理信息局审图号：GS（2018）271号

地图 美食版

著　　者	[意大利] 茱莉亚·马莱尔巴　[意大利] 菲比·希拉尼	
译　　者	颜悦	
项目策划	凤凰空间/张晓菲　正能文化/李沛森　穆宇星	
责任编辑	刘屹立　赵研	
特约编辑	单爽	
美术编辑	高旋　陈梦菲	
插图设计	于乐　王璐	

开　　本	787×1092　1/8	
印　　张	9.5	
字　　数	76000	
印　　刷	北京博海升彩色印刷有限公司	
版　　次	2018年4月第1版	
印　　次	2019年12月第2次印刷	

标准书号	ISBN 978-7-5537-8996-5
定　　价	98.00（精）

图书如有印装质量问题，可随时向销售部调换（电话：022-87893668）。

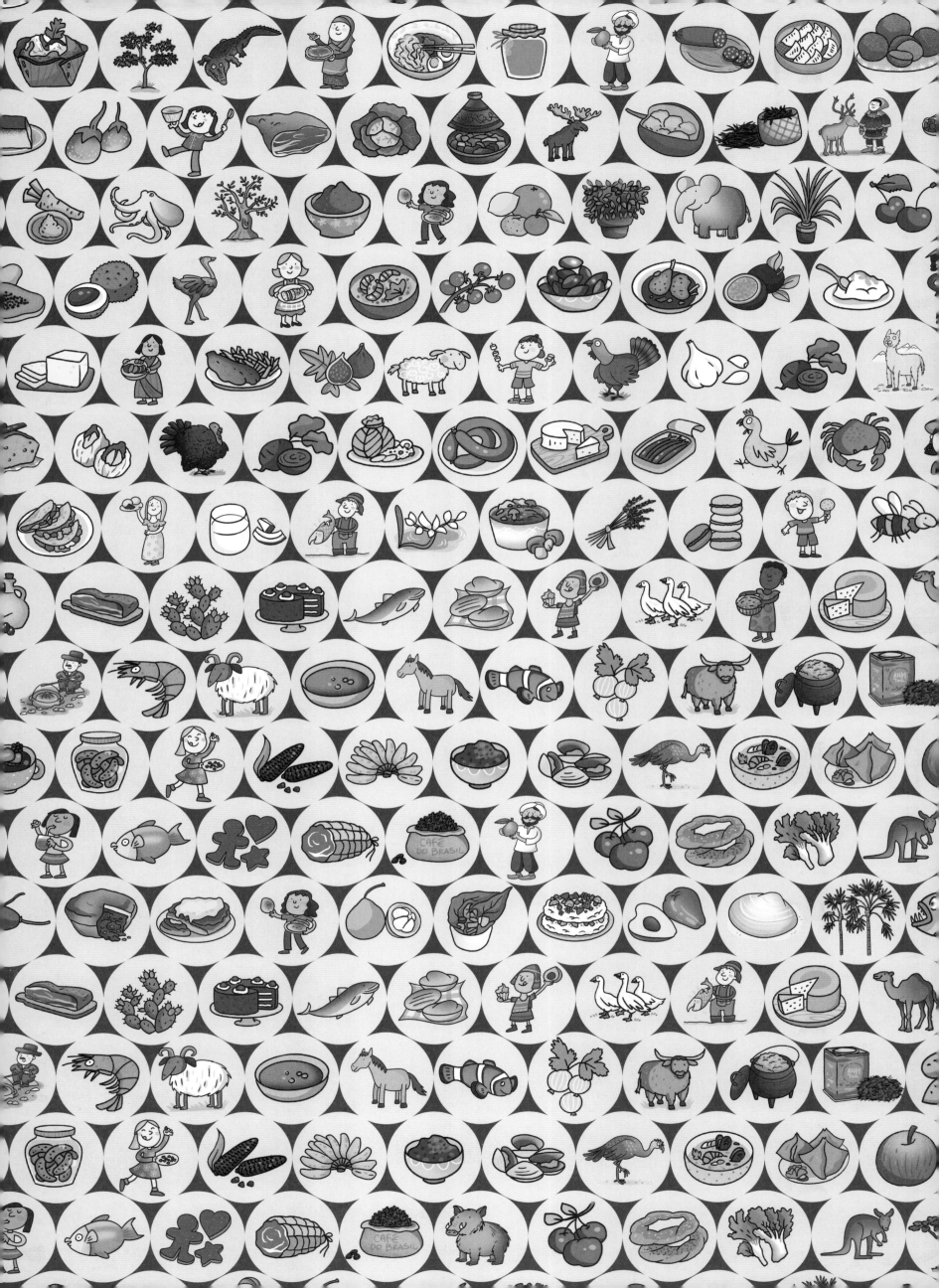

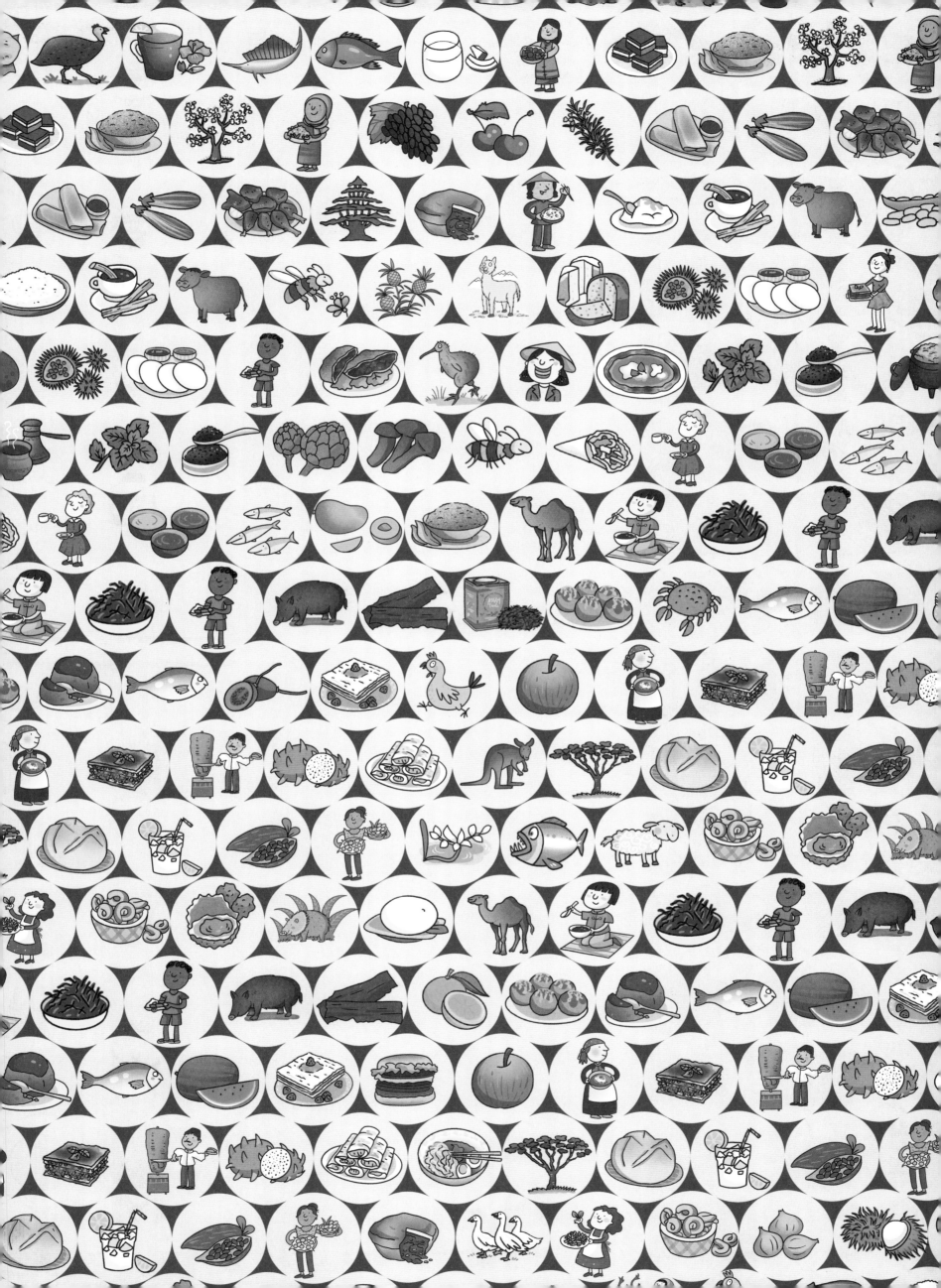

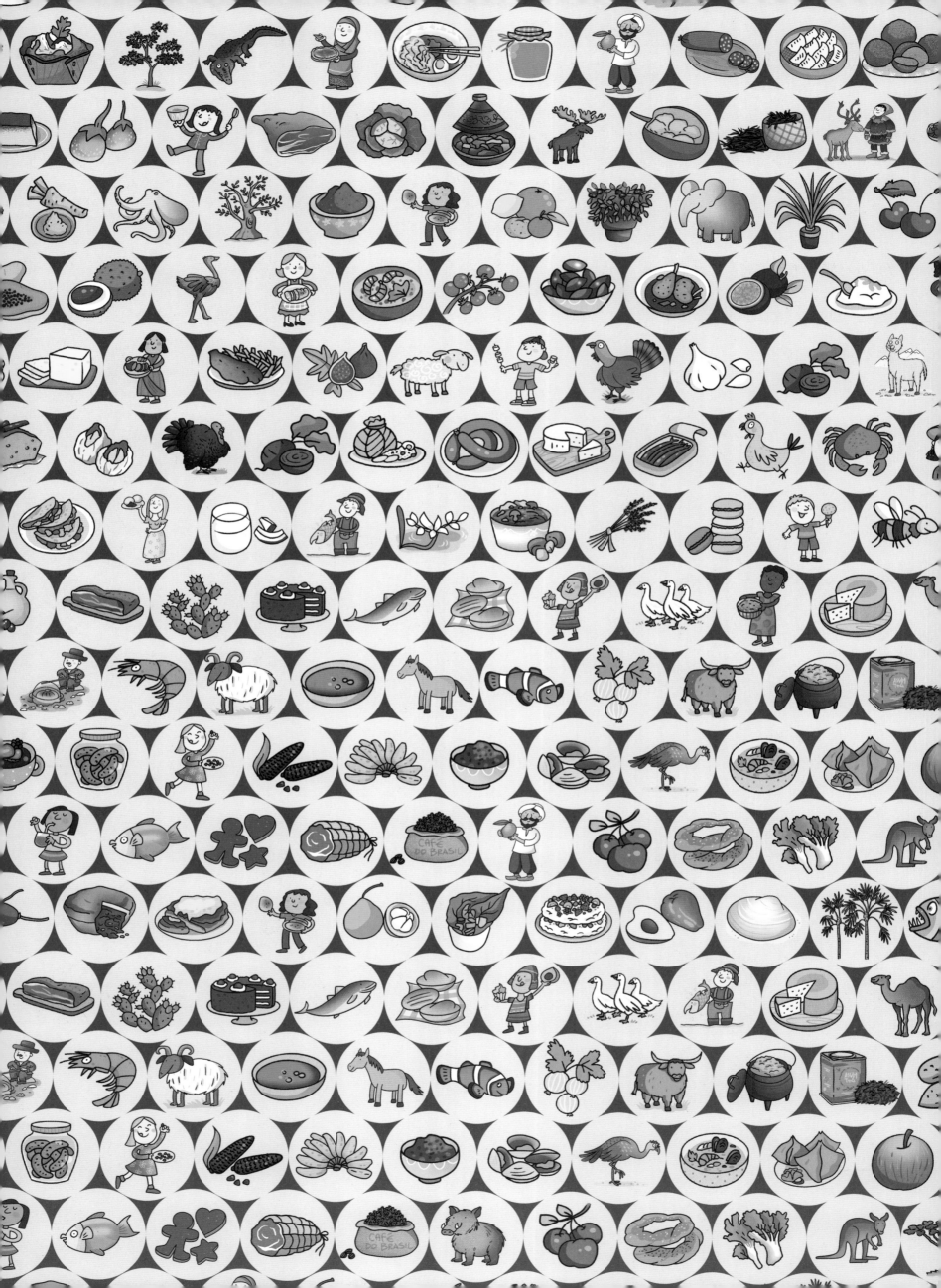